脂肪と人類

渇望と嫌悪の歴史

イェンヌ・ダムベリ

久山葉子 訳

新潮選書

脂肪と人類　渇望と嫌悪の歴史　**目次**

第三章　バターとチーズ——神の食べ物、女性の苦労の結晶　47

訳注は〔　〕で示した。

脂肪と人類

渇望と嫌悪の歴史

序文　脂肪——命と欲望

私たちには脂肪が必要だ。原始の祖先たちはどろりとした骨髄をすすり、脳や内臓も食べた。彼らは肉を目当てに狩りをしたわけではない。求めていたのは脂肪だ。脂肪は生きるに欠かせぬ存在、命そのものだった。脂肪を欲し求めたことで今のような人間に進化できたと主張する研究者もいるほどだ。他の霊長類より脂の多い食事だったからこそ、ヒトの脳はこれほど大きく成長できたというのだ。

今でも脂肪は命そのものだ——まあ、たいがいは。何でも手に入る時代になると事情が変わり、欲求の対象で身体に必要な存在だったところから、現代人は脂肪と複雑な関係を築き上げた。脂肪は栄養であると同時に、身体の一部でもある。目に見える豊かさ、そして権力の証。胴回りがでっぷりしているのは富の象徴で、女性なら子を宿し育む余地があることを示したものだが、今では一キロ増えるごとに「我慢する知性を欠いた人」だと思われてしまう。何でも過剰に手に入る世界でただひとつ大切なもの——つまり自制心を失ったと見做《みな》されるのだ。

自分自身を制御するにあたって脂肪は目標にも手段にもなる。朝食のパンに塗る単純明快な存在が社会問題につながり、国民の価値観にも影響してきた——そう聞いて好奇心に駆られる人にはもってこいのテーマだ。その歴史は黄金色の油やソース、バターにとどまらない。油の一滴一滴に政治、宗教、国民性、性的役割そして文化が映しだされているのだ。しかし何より肝心なのは——脂肪は美味しい！　その点に関しては前史以来何一つ変わっていないと言える。

どの脂肪分が健康やウエストのサイズに関係しているのか、本書はそれに答える本ではない。それに関してはすでに多すぎるほどの人が論じてきたし、何を食べ何を食べないかに執着するのは良くないと思うからだ。リスクにばかり気をとられていたらストレスや心配が尽きることなく、健康に生きるのが目的ならそこに発展性を感じられない。

脂肪の過去と現在を探る中で気づいたのは、鍵になるのはバリエーションだということ。味という点においても、栄養の見地から考えてもだ。手に入る最高の味、理想の食感、高温耐性などの食にまつわる値を追究すればおのずとバリエーションがついてくる——それに生きる喜びも。

どの脂肪分にも独自の個性があり、その魅力を開花させ、キッチンに立つ人を輝かせる瞬間を待っている。本書の最後には脂肪たっぷりの美味しい料理についての手堅いアドバイスや簡単なレシピを集めておいた。しかしその前にウップランド地方の養豚業者やスウェーデン最高のバター職人に会いに行こう。ウクライナのリヴィウにある世界唯一のサロ美術館も訪れ、アイスランドの発酵サメを味わい、森や野原で放牧された牛の肉の脂肪酸組成が、畜舎で濃厚飼料を与えられた牛よりも天然の魚に近いのはなぜかを学んでおこう。生活の条件、味、栄養価そして食感はどれも切り離せないのだ。

しかしまずは人と脂肪の複雑な関係を根底から探ってみよう。文字どおり底で――二〇一七年秋のロンドン下水道で。

第一章　ホワイトチャペルの怪物
——世界を虜にしたロンドン下水道の「脂肪の山」

舗道はきれいに洗われ、滑らかな敷石からは数カ月前にここの地下数メートルで起きた激動のドラマを想起しようもない。二〇一七年秋にテレビカメラ、レポーターそして世界じゅうの視聴者の目が釘づけになったのは、〈テムズ・ウォーター〉社の清掃員八人が一日九時間、九週間かけて懸命に「ホワイトチャペルの怪物」を退治する一部始終だった。その怪物とは、ここイーストエンドの下水システムを詰まらせた長さ二百五十メートル、重さ百三十トンの巨大な脂肪の塊だ。二百五十メートルというとロンドン単位ではロンドン橋あるいはサッカーコートの縦二面分になる。重さ百三十トンはダブルデッカー（二階建てバス）あるいは成長したシロナガスクジラの体重くらいだ。

ここホワイトチャペル・ロードにはレストランがひしめいている。窓からパキスタン料理のパコラやインド料理のサモサを揚げる熱気が漂い、広い歩道にはノーブランドの服や靴、魚介、花、果物や野菜の屋台が並ぶ。〈ケンタッキーフライドチキン〉や〈パーフェクトフライドチキン〉

といったチェーン店の看板からも油がふんだんに使われていることが推し量れるし、交差するブリック・レーンに立ち並ぶ小さなカレー屋ではバターやマスタードオイルが欠かせない材料だ。

ファラフェルの廃油が石鹸に

二〇〇八年にスウェーデンのマルメでイェンヌ・ノールベリとペトラ・リリヤが〈アポカリプス・ラボテック〉というブランドを立ち上げ、小規模ながら石鹸の生産を始めた。二日に一回、ファラフェル〔中東のひよこ豆のコロッケ〕の屋台にポリタンクに入った使用済みの揚げ油を引き取りに行き、それを精製して苛性ソーダと水を混ぜ、チョウジ油をたらす。このビジネスアイデアはニュースになった。揚げ油としての価値さえなくなった古いどろどろの廃油が身体を清めるための石鹸に生まれ変わるなんて――。しかし結局は採算が合わなかった。

怪物級の脂肪の山ができあがるには一定の条件が揃わなくてはならない。第一に油が必要だが、それは毎日のように――というかひっきりなしに――下水管に流れ落ちてくる。レストランやベーカリーや食肉加工場といった事業所にはグリストラップ（油脂分離阻集器）を設置する義務があるはずなのにだ。グリストラップの中で油分は水面に浮き、スラッジ（汚泥）などの重いものは底に沈み、水だけが公共の下水道へと流れていく仕組みになっている。グリストラップに溜まった油は定期的に回収車がやってきて除去していく。しかしグリストラップは機械であるからして故障することもあれば、設置すること自体をうっかり忘れていた、知らなかった、あるいは知っていたが無視したということも起こり得る。

油が下水道に流れこむと石鹼のような塊が形成される。そもそも液体石鹼や固形石鹼も主な成分は油だ。脂肪の山は熱い油と泥や道路の塵が化学反応を起こして自然に固体化したもので、最初は液状だが冷えると固まる性質をもつ。

他でもないロンドンに予想外の規模の脂肪の山が聳え立ったのは、この街のグリストラップに稀に見るほどの欠陥があったからではないし、ロンドン市民が急に手羽先のフライやバター・チキン・ティッカ・マサラを大量に食べるようになったからでもない。何が起きたのかというと、英国の成人がウェットティッシュで手を拭き始めたのだ。

イギリスとアメリカでは二〇一〇年代にウェットティッシュの売り上げが急増した。このプラスチックベースのナプキンはトイレに流せるという触れこみで、確かにそのとおりだ。ただしトイレットペーパーなら下水でどろどろになって問題なく流れていくが、ウェットティッシュは溶けないので絡み合って長い鎖を形成する。通常ならば下水にはポンプ場や下水処理場に着くまでに雨水が混ざっていく。雨の日なら流れが速く、乾いた天気ならゆっくり流れるものだ。しかしシンクから熱い油が下りてきて鎖状のウェットティッシュに出会うと、流れはそこでストップがかかる。油が冷えて固まり、ウェットティッシュが鉄筋のようになるのだ。

水道会社〈テムズ・ウォーター〉には年がら年じゅう脂肪の山の除去作業をしているチームがあり、その労働環境は蒸し暑くて狭くて反吐《へど》が出ると評されている。「山」という呼称は問題の大きさだけでなく、その悪臭の塊がところどころ石のように固いことにも由来する。ホワイトチャペルの怪物も一部は高圧洗浄機でヘドロになったものを吸い取ることができたが、それ以外はびくともせず、作業員が小型の鋤やスコップを使って小さく割るしかなかった。

下水にマリネされた脂の塊を処理する際には可燃性の有毒ガスも発生する。糞尿も混じり悪臭を放つその塊はワイル病の感染源でもある。腎不全や肺出血を引き起こし、死に至ることもある病気だ。その他、トイレに流したコンドームや注射器、薬も混じっている。二カ月格闘してついにホワイトチャペルの怪物——吐きそうな悪臭の邪悪な塊——を退治した時、〈テムズ・ウォーター〉社のアレックス・ソンダースは「勝利」という言葉を選んだほどだ。エネルギー密度の高い脂の塊は大部分が浄水場に運ばれ、バイオディーゼルや火力発電所の燃料に生まれ変わった。

かくして怪物との闘いは人間の勝利に終わった——しかし私たちは何に勝ったのだろうか。「捨てた」と思った過去の汚点が浮かび上がっただけなのに。

展示された怪物

二〇一八年の春にはロンドン博物館でホワイトチャペルの怪物の残りが展示された。展示室は真っ暗な下水道を模して壁が黒く塗られているが、そこに展示された品は怪物とは程遠かった。ガラスケースにいくつも転がる茶色の塊はそうだと知らなければトリュフだと思うかもしれない。

薄茶色で表面に皺がより、靴箱に収まるようなサイズだ。大きめの塊には紫とオレンジのダブルデッカー・チョコレートの包み紙が挟まっていて、目を凝らせば毛髪が混じっているのもわかる。マンホールから出せるサイズが限られていたため、展示されているのは小さな塊だけだ。しかしキュレーターを務めたヴィキ・スパークスは「博物館の展示物として完璧」だと評した。自分たちの知りたくない面を可視化するからこそ「ファットバーグ（脂肪の山）」は人を魅了するのだ。「ホワイトチャペルの怪物は壮大で、人を惹きつけ、虫唾が走るような存在。つまり完璧なんです。博物館に展示する価値があるのは、見る人を考えさせ対話を促すような品ですから」スパークスはオープニングの際にそう語った。

ロンドンの市民の反応もスパークスが正しいことを証明した。展示『ファットバーグ！』が始まると博物館の入場者数が倍になったのだ。

ファットバーグという名前そのものが画期的だ。下水道が詰まること自体は珍しい現象ではなく、イギリスの配管業界では昔から「フォッグ（霧）」として知られていた。それに新しく立派な名前がついたからといってどうなるというのか？　しかし今回は突然、皆の目に見える存在になったのだ。ロンドンの清掃作業員がファットバーグ相手に格闘しているというニュースが瞬く間に広まった。

展示される前に、ファットバーグのかけらは科学的な分析と安全上の理由によりレントゲンを撮られた。保存修復士のヘレン・ガニアリスはホワイトチャペルの怪物にライトを当てた時、まるで銀河のような美しさに唖然としたという。分析の結果、主成分である脂は調理済みの肉やバターやヘアケア製品に含まれるパルミチン酸、そしてオリーブオイルや石鹸に含まれるオレイン酸だと判明した。展示物の保存方法は凍結するかホルムアルデヒド漬けにするかが検討された。ホルムアルデヒドといえば古い自然科学の蒐集でおなじみの、奇怪な物体が浸かった薄黄色の液体だ。最終的には乾燥保存することに決まったが、急激に乾燥させたものは展示が始まる前に壊れてしまった。時間をかけて乾燥させた塊は壊れず、展示中も結露を発生させていた。

乾燥中にハエの幼虫が羽化するというハプニングもあった。小さなハエが黄緑と茶色に煌めくファットバーグの表面から飛び立ってゆく。ショウジョウバエのように小さなノミバエ類で、完熟バナナよりも下水の有機物にたかるという特性をもつ。

展示が始まる頃にはハエはすでに飛び立っていた。完全に密閉された展示ケースのおかげで臭いも感じない。ケースの中ですら、悪名高いファットバーグの悪臭は肉と使用済みおむつのような臭いから、湿気にやられた地下室のようなマイルドなカビ臭に変化していたそうだ。

怪物の断面図

ロンドン下水道の「ホワイトチャペルの怪物」はその地区に多く立ち並ぶレストランによって育《はぐく》まれた。百三十トンの巨大ファットバーグは六十二%が脂肪、十九%が灰と塵、十%が水で、その他の九%にウェットティッシュが含まれていた。八十トンの脂肪の約半分がパルミチン酸つまり調理した肉やバター、それにコンディショナーや保湿剤にも含まれる飽和脂肪酸だ。十八％はオリーブオイルやアーモンドオイル、石鹼に含まれるオレイン酸だった。

大悪臭

ロンドン下水道の歴史は十九世紀中盤まで遡る。その何十年も前から必要性が叫ばれていたこともあり、下水道の完成は文明と工学の勝利に他ならなかった。それ以前はテムズ川が完全開放型の下水道で、どろりとした液体が流れていた。石灰や塩素で悪臭を抑えようという試みも失敗に終わり、命に関わるコレラなどの病気が蔓延した。その結果、一八五八年夏には恐るべき「大悪臭」が歴史に名を刻むことになる。窓の外を流れる悪臭の凄まじさに議会を招集できないほどだったのだ。〝我々はこの地球上で遥かかなたの国々を植民地にし、インドも征服した。（中略）しかしテムズ川を浄化することはできない〟。イラストレイテッド・ロンドン・ニュース新聞にはそんな文字が躍った。

この大悪臭を機に、土木技師ジョセフ・バザルジェットがその数年前に設計していた下水システムをいざ建設せよとの命を受けた。下水道網は百三十二キロの本管と千七百七十本の下水管を擁し、ビクトリア朝様式の豪奢なポンプ場は今でも文化史に残る存在だ。しかし何より感嘆に価するのがその下水システムが今でも機能しているという点だ——すでに言及した問題を除いてはだが。下水トンネルは当時からレンガ造りで、断面は卵を逆さまにしたような形状になっている。

底にいくほど狭いのは水の勢いが弱い時には細い溝に集まるようにだ。一方で雨が降ったり大きな負荷がかかったりした時のために幅をもたせている。こうしてようやく汚水処理が改善されたことでイギリスの平均寿命は十九世紀後半に四年も延びた。当時としては十%の伸びだ。大都市の貧困層はろくな食事も医療も手に入らなかったが、ともかくテムズ川の水だけはきれいになった。

スウェーデンのファットバーグ

スウェーデン語で山と呼ばれるものはせいぜい丘くらいの高さしかないが、ファットバーグも山というほどは集積されず、大きな塊という程度だ。二〇〇〇年代には最大でも五トンだった。

私たちが生きる時代のファットバーグは現代の使い捨て文化、そして食べ物への無関心さを顕《けん》現《げん》化した。数世代前までは油脂を流しに捨てたりせず、再利用するために取っておいた。コンロの横には油脂を集める壺が置かれ、それを使って肉を焼いたり、塩や砂糖で味つけしてパンに塗ったりしていた。今でも油脂を取っておいて損はない。ベーコンを焼いて出た油、皮の裂けたチョリソから染み出す唐辛子入りの油でジャガイモや玉ねぎ、豆を炒めれば向かうところ敵なしだ。

濾《こ》せばマヨネーズもつくれるが、そんなことをする人はまずいないだろう。油脂は取り除くもの——それもなるべく早く。ゴミや注射器や汚物を見たくないのと同じで。

つまりホワイトチャペルの怪物は私たちの生きかたが生み出した百三十トンのリマインダーなのだ。しかし脂肪の山を征服し、博物館での展示も終わると、まるで何事もなかったかのように人生は進んでいく。それでも私たちの足の下では脂やゴミ、その他容赦ないものがスライムと化している。山を一つ征服したら次の山、いやいくつもの山が待ち構えているのだ。〈テムズ・ウォーター〉によれば少なくとも五つのファットバーグが常に育っている——ロンドンだけで。

第二章　骨髄

――祖先たちの飽くなき脂への欲求

今のように脂を切り取ったり溶かしたりして捨てるというのは祖先には理解し難い行為のはずだ。昔は脂こそが何よりも手に入れたいもので、初期の宗教でも神への捧げものだった。欲し求め、最後の一滴まですすりつくす――そんな存在だったのだ。

そもそも私たちが人間になれたのも、脂が決定的な役割を果たしたと主張する専門家もいる。人間が他の霊長類と一線を画す要因が直立二足歩行だが、他の生物と比べて不自然に大きな脳によって必要な栄養の量が決まった。重さにして一・五キロにも満たず、成人なら体重の数％にすぎないが、その脳が身体に必要なエネルギーの約四分の一を消費しているのだ。脳の神経一グラム一グラムが筋肉の十六倍のエネルギーを貪る。身体を家計にたとえると、脳を養うためのエネルギーが予算を大きく占めている。

進化するにつれ、ヒトは他の霊長類よりも動物由来の食物や脂を多く摂取するようになった。大人のゴリラなら植物を一日に三十キロ以上食べ、それだけ探すのには時間もかかるし、噛み砕くのにも時間を要す。そこから長い時間かけて消化するので、人間の胃腸には固すぎる樹皮や根のような粗い繊維も吸収することができる。

脳のエネルギー需要は幼いうちが最も大きい。大人ならば安静時にエネルギー消費量の二十〜二十五％を脳に使っているが、乳児の場合は六十％にも達する。それが可能なのは人間の赤ちゃんが他の哺乳類より高い割合で脂肪がついた状態で生まれてくるからだ。おまけに乳幼児の体重は増え続ける。健康優良児なら最初の一年で身体の脂肪が十六％から二十五％に増える。体重を増やすことが最優先で、栄養が足りなければ脂肪の備蓄を使うことはせず縦の伸びを抑える。一八五〇年代にスウェーデンで兵役に就いた男性の平均身長は百六十七・四センチだったが、二〇〇四年には百八十・二センチまで伸びているのは明らかに栄養状態の改善によるものだ。大人になってからも他の霊長類より脂肪を溜める能力が抜群に高く、平均的な体重の男性なら体脂肪が十五〜二十％で、女性の場合は三十〜三十五％。このレベルを維持できるのはアザラシなど海に生息する哺乳類だけだ。

骨の中の脂肪

人間の起源——食という意味で——には明確な始まりは存在しない。それでもあえてスタート地点を設定するなら少なくとも五百万年は遡らねばなるまい。その頃に東アフリカで草原が広がりだした。気温が上がり、空気が乾燥し、森が縮んで草が生えたのだ。そしてその草をはむ動物が増えた。人類の食生活もそれをきっかけに変化したようだ。三百五十万年前に主な栄養源が果実や葉からイネ科やカヤツリグサ科の植物に変わり、生活の場が熱帯雨林からサバンナに移動したことが見てとれる。森からサバンナへの移動は人類が立ち上がった要因——少なくとも強く寄与した要因でもある。二本足のほうが迫りくる危険に気づきやすいし、長い距離を歩いて食べ物を探せる。食生活が変化したのは初期の人類の歯の炭素同位体を測定してわかったことだが、祖先自身がでんぷん豊富な根茎やイネ科の草の種子を食べていたのか、祖先が食べた動物がそういった草を食べていたのかは不明なままだ。人類の序章をバックミラー越しに振り返ろうとしても、食生活の正確なところはわからない。

祖先が何をどのように食べていたかには諸説ある。それは情報を入手しづらいからだけでなく、今の私たちの「こうであってほしい」という願望も絡んでくるからだ。自分が理想とする生活こそが生きる上で自然だと主張したいがために歴史を利用する、そんな意図が猿人の食生活に反映されてしまうことが多々ある。人間の消化器系は植物を吸収するのに最適化されている、だからベジタリアンになるべきだ——そう主張する人もいれば、胃腸は明らかに肉を分解するよう設計されており、唾液に酵素が含まれているのも肉食動物だからに他ならないと考える人もいる。他にも、水と陸が出合うところに人が集まったことを重要視する人もいる。高度な脳を発達させるためには魚や甲殻類、中でも必須脂肪酸であるオメガ3脂肪酸の豊富な魚介が不可欠だったという説だ。それを鑑みると今の先進国の標準的な摂取量よりもオメガ3をもっと多く——対戦するオメガ6より——摂るべきだという意見もある。現在では口にする油脂の大部分が植物性になり、オメガ6は豊富でもオメガ3が足りていないのだ。

地球上で今のところ最も長く生きたヒトの種はホモ・エレクトス（直立する人）だ。発見された中でいちばん新しい骨は五万年前のもので、古いものは百八十万年前にまで遡る。ホモ・エレクトスはその前任者と同様に東アフリカに暮らしたが、その後ヨーロッパやアジアに出ていった。他の初期の人類よりも背が高く、脳が大きく、臼歯が小さく、頭蓋骨はそれほど頑丈ではなかったという。考古学の研究ではこのホモ・エレクトスが獲物や死骸を引きずって本拠地に持ち帰っていたことがわかっている。そして解体するための石の道具は時代を追うごとに洗練されていった。

人間は火を手に入れたことで力をもった。火のおかげで暖をとり、守られ、食料を得られる可能性も大きくなった。手に入れた食料に火を通せば噛み砕きやすくなり、栄養の吸収も高まる。加熱することでバクテリアが死に、風味も増したのは言うまでもない。今でもバーベキューの味や香りには本能的に惹き付けられる。脂が滴り炎が燃え上がる――その瞬間、生と死が混じり合い、私たちの口に唾を湧かせる。野菜や木の実、種子のような植物も加熱すれば消化しやすくなり、甘みを帯びたまろやかな味になる。

火を使うことを覚えると、手に入れた獲物から脂肪をより多く得られるようにもなった。哺乳類なら確実に脂が多いのが骨だ。食べ物がなくなると皮膚の内側や筋肉回りの脂肪から消費されていくが、飢えて死に至った場合でも骨の中の脂肪はほとんど残っている。大腿骨のような長い管状の骨に入っているのは約八十五%が脂肪の黄色い骨髄だ。骨を割ってつついたり吸い出したりすればいい。この長い骨の先端、それに背骨や肋骨にも骨髄がある。そこの骨髄は黄ではなく赤で、海綿状の骨の塊に埋めこまれている。このスポンジのような部分から骨髄を取り出すという作業は近代的な道具を使えば、多少時間はかかるにしても困難ではない。しかし先史時代、コンロや使い勝手のいい鍋がまだ数千年は登場せず、しかも栄養摂取が何よりも最優先だった時代においては話が違った。獲物の脂肪を余すことなく得るために手を尽くし、赤や黄の骨髄を求めて骨を折ったり砕いたりした。穴を掘って石を熱し、それを砕いた骨と水の入った土器に入れる。こうして表面に溶けだす脂肪をすくったのだ。労力も燃料もかかる割には得られる脂の量は少ない。それでも複数の発掘現場に痕跡が残っている。

脂肪飢餓とウサギ飢餓

今の食肉業界では解体した肉の脂肪含有量を測定し、脂肪が多いほど安い値がつく。生き延びるために狩りをしていた時代とは脂肪のステータスが真逆だ。狩りで生きていた人々にとって赤身の肉は価値がなかった。たんぱく質のみを分解してエネルギーを得るのは非効率だし、長期的には肝臓や腎臓といった主要な臓器に害を与え、脱水症状や食欲低下を起こし、最後には筋肉が分解されてしまう。その状態を脂肪の少ないウサギ肉になぞらえて「ウサギ飢餓」と呼ぶこともある。なお、でんぷんや食物繊維あるいは各種の糖質を摂取していればそこまで脂肪を必要とはしない。炭水化物が分解されてグルコースになり、細胞や脳にエネルギーとして供給されるからだ。しかし当時の狩猟採集民、とりわけ最北の地に暮らす人々にその選択肢はなかった。炭水化物は一年のうちのわずかな時期しか手に入らず、それもごく限られた量だった。ということはやはり脂肪しかない。

ノルウェーの極地研究家ヘルゲ・イングスタと妻のアンネ・スティーネは、ヨーロッパから最初に北米に渡ったのはヴァイキングだったという説を提起して有名になった。イングスタはまた、一九五〇年代に長期間アメリカの先住民族と生活を共にし、著書『ヌナミウト：アラスカの内陸エスキモーと暮らして』でも当時のエスキモーが遥か昔と変わらぬ方法で野生のトナカイを糧にしている様子を描いた。基本的にトナカイを狩るのは脂ののった秋で、背中や内臓回りの脂は切り取って冬のために保存する。しかしこの脂の在庫が心もとなくなると大変だ。〝脂肪飢餓が深刻化する。手に入る脂肪といえば骨の中の骨髄だけ。生のままますするが、この季節には言葉に尽くせないほど贅沢だ〟。イングスタは脂肪が不足する様子をこのように描写している。〝トナカイには肢が四本しかない。だからトナカイを一頭捕えても、全員がその恩恵に与《あずか》れるわけではない。そういうことなのだ。脂肪がほぼないトナカイの固い肉だけの生活が長引くのは楽しいものではない。常に空腹を感じながら暮らすことになる。胸が空っぽになったような気分。際限なく食べても満足できない。そして体調にも変化が現れ、寒さがこたえるようになる。簡単なことでも気合を入れなければできなくなる〟。

あの固い肉を嚙み続けるのは苔を嚙んでいるようなものだ——とガイドのパネアクも同意する。

カナダ人極地研究家のヴィルヤルマー・ステファンソンも長期間北米の先住民族と暮らした経験があり、「ウサギ飢餓」という言葉を最初に使ったのも彼だ。〝ここでは赤身肉による死は珍しい。誰もがその危険を承知しており、避けるためにあらゆる手を尽くすからだ〟。ステファンソンは著書『大地の脂肪』にそう記している。

旅の間、ステファンソンは土地の人々と同じものを食べた。北極圏のイヌイットの場合は半年以上肉だけ——正確に言うと脂肪だけだった。

イヌイットの食事は今で言う「ケトン食」だ。炭水化物があれば身体はグルコースつまり血糖を生成して脳にエネルギーを供給するが、炭水化物が欠乏すると別のプロセスが起動する。肝臓が脂肪をケトン体に変換して脳の燃料として使うのだ。

ケトン食は一九二〇年代には当時薬のなかったてんかんの治療法としては知られていたが、当時は人間が肉だけで生きられるとは思われていなかった。そこでニューヨークに戻ったステファンソンは同僚のカーステン・アンダーソンとともに実験を行った。医師の監督の下、一年間肉だけを食べて暮らすというものだ。実験責任者のウジェーヌ・デュボアが赤身肉のみで行うように要請すると、ステファンソンは「脂肪飢餓には陥りたくない」と抗議した。しかしデュボアは意見を変えなかった。ステファンソンが「脂肪飢餓の症状は一、二週間しなければ出ない」と訴えても、デュボアは「四十八時間様子を見よう」と言い張った。〝実験が始まって二十四時間が過ぎて、四十八時間になる前に具合が悪くなった。あまりに悪かったのでデュボアや同僚が実験の中止に同意したほどだ。私はやっと自分の希望を通すことができた。ベーコンの油で調理した仔牛の脳を所望したのだ。それでうまくいった。実験開始七十二時間後には体調が回復し、その後は良い状態を維持できた〟。

結果としてステファンソンは一日のエネルギー摂取量の約八十%を脂肪、二十%を肉から摂取し、健康への悪影響は認められなかった。

骨髄たっぷりレシピ

食料品店の冷凍コーナーには四、五センチにぶつ切りされた骨髄が売られている。骨髄はローストにすると美味しい。二百度のオーブンで二十分、パチパチ音がして脂がジュージュー流れ出すとできあがりだ。スプーンですくってパスタ、レモン、ニンニク、松の実、パセリ、塩とたっぷりの黒コショウを混ぜる。あるいは骨髄が詰まった仔牛のスネ肉の厚いスライスを買ってきてオッソ・ブーコをつくろう。北イタリアの煮込み料理で、新鮮なグレモラータ（パセリ、ニンニク、すりおろしたレモンの皮）と供され、そこに添えるミラノ風リゾットも骨髄をバターと玉ねぎ、ライスと炒めてからブイヨンとサフランを加えたものだ。

時を遡れば骨髄はスイーツにも使われていた。十八世紀中盤に人気を誇ったカイサ・ヴァリィ〔上流階級の家に勤めたカリスマ家政婦〕の料理本にはみじん切りにした骨髄を小麦粉、牛乳、卵、カルダモン、ナツメグと混ぜて湯煎したプリンが登場する。一九二九年に刊行されたイェンヌ・オーケシュトレーム〔二十世紀初頭に家政女学校を創立し、プリンセスも通った〕の『プリンセスの料理本』にも甘い骨髄プディングが出てくる。供する前にワインソースをかけて、フランベするのがお勧めだそうだ。

脂肪は女より男に

女性のふくよかな身体は古《いにし》えから崇拝の対象だった。アルプスでは二万年以上前の小さな石の彫刻がみつかっているが、よく太った女性を象《かたど》っている。中でも有名なのがウィレンドルフのヴィーナスで、掘り出されたオーストリアの村ウィレンドルフにちなんで名づけられた。石灰岩を彫ってベンガラで赤く色づけされたヴィーナスはヴィーナスの丘〔恥丘〕、太腿、胸、腹部のサイズが誇張されているのが特徴だ。ホルモンに敏感で脂肪のつきやすい箇所であり、妊娠や出産にも関連づけられる。

女性は男性より体脂肪が多く、生殖という観点から考えても脂肪を備蓄しておくことは重要だった。実際、痩せすぎると月経が止まってしまう。

それでも脂肪は世界各地で男性の特権だった。獲物のいちばん脂がのった栄養価の高い部分は男たちの口に入った。それは大自然に暮らす人々だけでなく、今日のスウェーデンの食事傾向にも表れている。二〇一〇年代の健康系料理本に『ホンモノの男はサラダを食べる』というタイトルがついたのも、実際にはまずそんなことはしないというのが周知の事実だからだ。スウェーデン食品庁の統計でも男性は一般的に果物と野菜の摂取量が少ないという。男性の多くが野菜、果物やベリーを週に数回しか食べていない。

それに加えて、女性の脂肪摂取は各民族の食文化のタブーによっても制限されてきた。オーストラリアのアランダ族では妊娠初期の数カ月間は肉や脂肪の摂取が禁じられている。アメリカ北部およびカナダのアタバスカの社会では思春期の少女は乾燥させた赤身肉しか食べてはいけない。他にも授乳中の女性が――本来なら誰よりも栄養が必要なはずなのに――脂肪を食べることを禁じられている文化もある。

二〇一七年には、二千五百年前に中国北東部で新しい穀物が広まった時に食生活が男女でどのように変化したかという研究結果が発表された。石器時代には主な栄養源はキビ、豚肉そして野生動物の肉だった。しかし大麦や小麦を栽培するようになると変化が起きた。骨の炭素同位体を測定したところ女性のほうが食生活が大きく変わっていたという。男性は肉を食べ続けていたが、女性は大麦と小麦を食べるようになった。この頃から女性は骨が弱くなる傾向が見られ、幼少期に栄養失調だったことを示している。〝幼い頃から女の子はひどい扱いを受けていたのです〟。この論文の執筆者でニューヨーク市立大学クイーンズ校の考古学者ケイト・ペチェンキナはそう記している。男女の扱いの差の結果としては他にも身長差が開いたこと、男性の墓のほうがどんどん豪華になったことなどが挙げられるが、女性が家計に影響力をもたない社会のほうが身長差が大きい。それは親が息子を優先して食べさせたためだ。中国北東部でその頃に男性の身長が伸びたのはちょうど戦国時代だったからなのかもしれない。戦士階級の男の評価が高まると、男性全体の地位が向上する傾向にある。

男が高価な肉を食べ、女が安価な穀物を食べる――これは時空を超えて見られる傾向だ。『お腹の問題：目的および手段としての食、ストックホルム一八七〇～一九二〇年』の中で歴史家のイヴォンヌ・ヒルドマンが前世紀末当時のストックホルムの食糧事情を分析している。当時は賃金が食料で支払われることもあり、その支給内容は男女で異なっていた。ストックホルムのセラフィーメル療養所では男性従業員のほうが多く肉、魚、バター、牛乳をもらい、女性はパンと卵を多くもらっていた。イギリスでの調査でも貧しい家庭がかろうじて飼っていた牛や豚の肉はその家の主人の口に入ったという。一九三〇年のスウェーデンの調査でも同じ結果だった。男のほうが栄養のある食事を食べていた――一家の大黒柱なのだから。なおヒルドマンによればストックホルムの貧しい家庭は肉を高く評価していたというよりは砂糖やクリーム、バターを求めていたそうだ。〝ストックホルムの肉不足は自ら招いた結果だと言える。男性の時給がわずか二十エーレ〔約三円〕だった家庭でも一カ月の食費の八％を砂糖に、十一％以上をバターに使っていた。これは炊き出しに頼るような貧しい世帯の話で、砂糖を我慢すれば肉を倍は食べられたのに。つまり上位の人間と下位の人間の差は砂糖と脂肪の消費量だった〟。当時こんな言い回しがあったほどだ。〝王様は幸せだ。お望みならたんと食べて、たんと飲んで、脂に手袋を浸すこともできた――とおばあさんは言いましたとさ〟。

現代の石器時代ダイエット

これまでに人類がたどったあらゆる時代の中でも回顧的食事法として注目が集まるのは断然、石器時代だ。死んでから少なくとも四千年は経っているのに、石器時代の人々は今でも驚くほど存在感がある。一九八〇年代には食肉大手〈スキャン〉のマーケティング部門が夏でもクリスマスハムを売るための秘策を編み出した。ロシアンステーキという名前で冷蔵コーナーに配置されていた厚い豚のスライスに新たなチャンスが与えられたのだ。アメリカのアニメ『原始家族フリントストーン』でフレッド・フリントストーンと隣人のバーニー・ラブルが直火で焼いた巨大な肉塊にちなんでそれを「フリントステーキ」と呼ぶようにした途端、夏のバーベキューシーズンのベストセラー商品になったのだ。二〇〇〇年代になると「槍のグリル」という競合商品も登場し、これまた原始的な響きの名前をつけられたのは豚ロースを長くカットしたものだった。

石器時代は旧石器時代と新石器時代に分かれていて、英語では古いほうがパレオリシック、新しいほうがネオリシックと呼ばれる。ネオリシックの時代になると農耕や牧畜が始まるが、パレオリシックはまだ狩猟採集生活だった。現代の石器時代食事法はパレオリシックからインスピレーションを得ているため「パレオダイエット」と呼ばれる。パレオダイエットの考えかたはこうだ。人間は――初期の人類も含めて――何百万年もノマドとして暮らしてきて、自然の中で手に入る食べ物に依存してきた。しかし土地を耕し始めると、身体が追いつかないほど生活が変化した。一九九〇年代にはイタリアのアルプスで、そのあたりを歩いていて死んだ新石器時代の男性が驚くほど良い保存状態でみつかっている。「アイスマン」や「エッツィ」と呼ばれるようになったこの男性は五十歳にもならないのに関節がすり減り、血管は石灰化し、歯も悪くなっていた。旧石器時代ダイエット支持者たちはそれを、人間が定住を始めたせいで起きた衰耗の一つだと見做している。

二〇〇〇年代における石器時代食の定義はこうだ。赤身の肉と内臓、それも野生か牧草を食べて育った動物のもの。それに甲殻類、野菜、一部の根菜（ジャガイモは除く）、果物、ベリー、ナッツ、蜂蜜、キノコ、卵そして昆虫。推奨されている脂肪はオリーブオイル、ココナッツオイル、アボカドオイルだ。乳製品に関しては交渉次第で、乳製品反対派は「野生動物の乳は搾れない」と主張し、賛成派は特に反論を思いつかないが、バターなら手に入りやすいし純粋な脂肪が豊富だと考えている。しかし現代の石器時代食というのは当然ながら現代の生活条件に左右されてしまう。地上で育つ作物に限ったところで、今の野菜というのはどれも長きにわたる品種改良の産物だ。本来なら野生のトマトは小さくて酸っぱくて、種だらけだし、アボカドに至っては少なくとも七千年人間の手で栽培されている。

人類史初期にルーツをもつまた別の食事法が「断続的断食」で、かつては食料を定期的に手に入れられることはなかったという前提に基づいている。昔は一時的な断食、いや正確に言えば「飢えている」のが当たり前の人生だったが、今は現代の条件下で実施することになる。二〇一二年にイギリスのBBCが放映したドキュメンタリーで、テレビでおなじみのマイケル・モズリー医師が「5：2ダイエット」という断続的断食を九週間にわたって試した。週に五日は普通に食べて、あとの二日を飢餓ぎりぎりに抑えるというダイエットで、中年のモズリー医師は体重が落ち、二型糖尿病の兆候も消えたという。

石器時代の人々は一日の大半、身体を動かしていたはず――そのため二〇〇〇年代のパレオダイエットは持久力の要るスポーツとも関連してくる。スウェーデンではトライアスロンの選手で健康オタクのヨーナス・コルティングがこの運動を熱心に推進していて、アメリカには健康起業家、裸足のランナー、そしてマンハッタンの「プロのケイブマン（穴居人）」を名乗るジョン・

デュラントがいる。三十歳になる前に神秘的なまでの存在になり、ある記事によればリビングの小型冷凍庫はイノシシの肉でいっぱいで、別の記事では寝室の冷凍庫に山ほど内臓を凍らせているという話だ。

クリーンな女性、ダーティーな男性

そんなデュラントがインタビューで石器時代の男女の食生活の違いについても言及している。石器時代の女性は男性のように栄養を一気に大量に摂ったりまったく摂らなかったりしたわけではなく、常に少し食べて生殖能力を維持していたという強い示唆があるという。

断続的断食もパレオダイエットの一部だが、石器時代の生活そのものを復活させたいわけではなく、あくまで石器時代的なコンセプトというだけだ。毛むくじゃらで長いことシャワーを浴びていない原始人を目指しているわけではない。誰もそんな女性を再現したいとは思っておらず、むしろ客室乗務員、ハリウッドスター、ダイエティシャンやフォトブログを投稿する「クリーンイーティング」のインフルエンサーが自己を向上させるため――そう、もっとスリムでスムーズな未来のために団結したものだ。そもそも典型的な女性のダイエットは我慢するタイプのもので、一九八〇年代に流行ったスチュワーデスダイエットを例に挙げるならば朝食にグレープフルーツ半分、夕食は固茹で卵二つ、インゲン、そしてまたグレープフルーツ半分だ。クリーンイーティングというのは白砂糖、白い小麦粉、乳製品を避け、パレオダイエットと同様に可能なかぎり食品業界を介さないという信念に基づいている。このクリーンイーティングは二〇一〇年代に女性の間で流行ったダイエットで、クリーンな食べ物をなるべく生で、かつ血の流れない方法で食べるという試みだ。野菜がベースになっていて、パスタではなくスパゲッティのように細長くカットされたズッキーニ、ピザ生地には小麦粉の代わりにすりおろしたカリフラワーやサイリウムハスク〔オオバコの種皮を砕いたもの〕を使うという具合だ。クリーンに食べるという挑戦に応じた者は体重が減り、髪がつやつやし、肌がきれいになり、お腹の調子が良くなり、心のバランスもとれると約束されている。

しかし男にとって心のバランスはそこまで重要ではない——だって男はどこかに行きたい、身体を動かしていたい。そのための行動力があることのほうが大事なのだ。クリーンでバランスが取れているよりもダーティーでアクティブなほうがいい。男性向けのダイエットに共通する前提は自分は何かを失ったという認識だ。過去の原始的な自分のほうが永遠に真実で健全なのだ。

石器時代の人は赤身肉を求めなかった

結局のところ石器時代の人々は何を食べていたのだろうか。今ではなく石器時代に——しかしそれについては短い答えしかわかっていない。

「現代の石器時代食は体型維持のためのダイエットで、可能なかぎり健康的に生きたいという考えに基づいています。しかしそれは生き延びることが最優先だった石器時代の生きかたと相反する。石器時代の人ならピザが通りかかったら捕まえたでしょうから」とナタリー・ヒンデシュは言う。

ヒンデシュは古美術収集家で、ストックホルムの歴史博物館に勤務する石器時代専門の考古学者だ。そんなヒンデシュが「現代の石器時代食は現代のダイエットでしかない」と言う。中でも赤身の肉が最善だという考えかたは歴史的な見地においても理屈に合わない。たとえばスウェーデンでも石器時代の大半、アザラシが重要な栄養源だった地域が複数あるが、そのことは今のパレオ料理本には反映されていない。

「石器時代そして生き延びるために食べていた他の時代にもきっと赤身肉を口にしていたでしょう。しかし赤身肉を優先していたわけではなかった。たとえば十八世紀に北アメリカの狩猟採集民を民族学的に調査した研究があるけれど、バッファローをほぼ絶滅させてしまった理由の一つが妊娠しているメスを狙ったからというもの。胎児には脂が多いので」

ストックホルム大学の考古学研究者スヴェン・イサクソンも同様の意見で、「祖先の食習慣が乱暴に一括りにされているきらいがある」と評する。イサクソンはこれまでに何度も「いわゆる石器時代食」に関する議論に巻きこまれてきた。

「私に言わせれば、これは完全に現代のでっちあげです。パレオ式のような食生活は今まで一度も存在しなかった。そんなに単純な話ではないという根拠の一つが、私たち人間がどんな地域にも住んでいることだ。北極圏のアザラシ漁師はベジタリアンになりようがない。人間がすごいのは基本的に何でも食べられて、それを燃料にして生きていけるところ。まるでロシアのトラクターみたいに」

イサクソンは一九八〇年代から分子生物学の分野で土器に残った脂肪を研究している。石器時代の有機物はかなり分解されてしまっているが、ヘリウムや窒素、硫黄といったガスを注入することで土器に残った何百という構成物を分離し、どういう物質でできていたのかを質量分析法を使って解析できる。その結果を他の調査方法（骨の研究や残飯の植物考古学的調査）のデータと組み合わせると、その地域に暮らした人々が何を食べていたのかという全体像が浮かび上がる。乳脂肪と人間の身体についていた脂肪を見分けられるし、淡水魚と海水魚も然り。キビや玉ねぎ、キャベツといった植物は蠟質が良い状態で保存されるおかげで識別することができた。

縄文時代の人が好んだ海洋性脂肪

イサクソンは一万二千年前の日本の縄文遺跡を調査する国際プロジェクトにも参加したが、縄文土器は今までに見つかっている中で最も古い土器だ。壺に施された縄の模様はステータスを表わすための技術だったとイサクソンは言う。単なる実用品ではなく、「ほら見て、私はこんな素敵なものをもっている」と自慢するためのもの。そんな土器はほぼ例外なく脂肪の豊富な海産物を入れるために使われた。

「縄文初期当時は〝鍋〟ではなく〝魚茹で壺〟と呼ばれていてもおかしくないくらい、魚とこの土器の技術には密接な関係があったんです」

脂肪の多い食品がこの壺に入れられたのは納得がいく、ともイサクソンは言う。

「脂肪は私たちの身体が長い間エネルギーを蓄えられる唯一の物質です。炭水化物は四十八時間で燃焼されてしまうが、脂肪なら一、二カ月もつ。だから重要だったんです。最も古い土器からみつかったのが海洋性の脂肪なのは偶然ではない。脂肪はステータスだった」

新石器時代以降、スウェーデンではヴァイキング時代〔八〜十一世紀半ば〕に当たるが、サガ〔アイスランドおよびノルウェーを中心に口頭伝承されてきた物語。十二〜十五世紀になってから書き残された〕やルーン文字で書き残されているものがある。その頃には肉や動物性食品、ビールが「非常に高く評価されていた」という。その信憑性を確かめようと、イサクソンは日常生活が営まれた場所から出土した土器と居住地周辺の墓から出土したものを比較調査した。するとそこにははっきりと差が見られた。墓にあった壺の中身は大半が動物性で、日常生活の場での発見物は植物性のものが多かった。

「これは肉を食べるのが理想だったことを示します。それが素晴らしいことだとされた。しかし日常的には雑穀の粥や野菜を食べていたようです」このように様々な角度から試料を分析することで何を食べていたかの手がかりを得られる。

日本のヴァイキングに料理が並ぶ

ヴァイキングは北欧から遠く離れた日本で何をしていたのか——いや何もしていない。少なくとも一九五〇年代に日出ずる国でビュッフェの同義語になるまでは。一九五七年に東京の由緒ある帝国ホテルの社長が北欧に旅をして何種類もの料理が並ぶスモーガスボードを気に入った。当時はちょうど、フランスで修業をしたトーレ・ヴリエトマンがスウェーデン料理に新たな息吹を吹きこんだところだった。ビュッフェという形式は日本人にもうけるはずだと社長は考えたが、日本人にスモーガスボードという名前を発音させるのは不可能だった。

翌年、カーク・ダグラス主演の映画『ヴァイキング』が公開になった。これこそビュッフェに相応しいネーミング――。スモーガスボードと同じく北欧出身だし、ヴァイキングなら日本人でも簡単に発音できる。

そして帝国ホテルから日本じゅうにヴァイキングが広がった。

トナカイ脂と「老人のソーセージ」

北欧三国とロシアにまたがる最北の地サプミでは先住民族サーミ人がトナカイの放牧によって暮らしてきた。秋になるとトナカイを解体し、トナカイ骨ディナーが振舞われる。南部スコーネ地方ならば聖モルテンの日にガチョウをステーキや血のスープにして祝うし、北部ノルランド地方では強烈な匂いの発酵ニシンの缶詰、シュールストレミングが食される。あるいは全国で行われるザリガニパーティー――それらと並んで、トナカイ骨ディナーは今でも行われる伝統行事だ。骨は新鮮なほうが美味なので骨髄はすぐに茹でる。レバーは煮てすりおろし、茹でた胸肉、背肉、タン（舌）も供される。飲み物は肉を茹でた湯を濾したブイヨンスープだ。

トナカイが躰に蓄えていた脂肪は精製されて「トナカイ脂」になる。豚脂《ラード》や牛脂《ヘット》のトナカイ版だ。このトナカイ脂は鉄分が豊富で、オメガ3、各種のビタミンB、リボフラビン、チアミンそして亜鉛を多く含む。伝統的には目の周りの脂肪を溶かしたものが最上級だとされてきた。腎臓の脂肪も人気があり、ともかく非常に美味なのだ。腸も脂肪で覆われている。大腸の小腸に近い部分はグーキス・ブエイティエと呼ばれ、塩漬けにして乾燥させたものを小さく切ってコーヒーに入れるとトナカイ牧夫の朝食にもふさわしい強力なドリンクになる。

直腸ボエリス・ブエイティエは「老人のソーセージ」と呼ばれ、長さが五十センチもあって脂肪たっぷり、コーヒーに入れるクリームの役割を果たすことがサーミ議会の報告書「サーミの食」にも記されている。


ヴァイキング時代や新石器時代の墓地では、男性のほうが大きくて立派な墓に鍋や鉄串といった調理器具と共に埋葬されている。一方、女性が土器と埋葬されたのは、主婦そして調理と食事の責任者としての役割と一致する。女は厨房に立ち、男は宴のような大がかりなものを受けもつという理想を反映しているのだ。しかし現実にはこの役割分担は必ずしも明確ではなかった——とイサクソンは言う。今の私たちが想像するよりも、この時代の男女の役割は流動的だった。

「男性でも女性でも、良き主婦・主夫の役割を担うことがあったようです。周りの人の世話をして、皆のために食事をつくった。サガの資料やルーン石碑の記述からもそれがわかる」

ヴァイキングの発酵サメ

西アイスランドはヴァイキング伝説発祥の地として有名だ。サガランドを名乗り、ヴァイキングをコンセプトにしている。地元の観光ガイドから渡された名刺には〝クリエイティブ・ヴァイキング〟という肩書があった。ここではヴァイキング時代の記憶が保存され、当時の食生活も一部受け継がれている。

ビャルナルホプンのサメ博物館のドアをくぐると、テーブルがセッティングされていた。ホタテやウニが猛スピードで開かれていき、殻から出したばかりのものが供される。目玉料理の一つがウニの生殖巣〔日本で食されている部分〕で、シルクのような艶のあるオレンジ色だ。筋肉というよりはソースのような食感で、甘さと塩味の混じったうま味が口の中に広がる。

別の盆では脂肪が白さを放つサメ肉が一センチ四方のサイコロ状にカットされ、つまようじが刺さっている。あとは手を伸ばせばいいだけ——幸いなことにブレンヴィン〔ウォッカやアクアヴィットなど穀物やイモからつくられた蒸留酒〕も手近にある。このサメ博物館はドラマチックなサメ漁の歴史を展示する以外にも、今でも発酵サメを製造しているアイスランドでも希少な場所だ。発酵サメはソーラマトゥルの中でも度肝を抜くような料理だと言える。ソーラマトゥルというのはアイスランド古来の伝統料理で、極めて質素で長期保存が可能、住民たちは栄養が不足する晩冬という季節をこのソーラマトゥルによって生き延びてきた。発酵サメ以外には、やはり保存のきく羊の頭を炭焼きにして発酵させたもの、アザラシのひれの酢漬け、魚の干物にバターを塗ったものなどがある。

発酵サメ料理に使われるのは大型の古代種ニシオンデンザメで、本当に食べられるのかと疑いたくなる種だ。調理法に何らかの良い点があるとしたら添加物を一切使わないことくらいだろうか。塩すら介在しないのだ。悪い点をあえて一つに絞るとすれば、サメは他の動物のように尿素を排出しないから、尿素で自分の肉をマリネにしていることだ。

昔ながらの製造方法ではニシオンデンザメの肉を大きく切り分けて海水で洗い、満潮時に浸水する浜に埋める。今では水抜き用の穴の開いたコンテナに入れて、肉から滲み出る液体が流れ出るようになっている。六週間から十二週間後にはさらに切り分けて洗い、「棚」と呼ばれる専用の小屋で乾燥させる。これは味のためだけでなく、そもそもニシオンデンザメを食用可能にするための工程だ。この処理を行わないと消化過程で有毒なトリメチルアミンが生成されてしまう。トリメチルアミンは視覚障害、下痢、けいれんなど極度の酩酊を思わせるような神経症状を引き起こす。

もう躊躇している場合ではない。人が後ろに並び始めた。意を決して、白く輝くサメ肉に歯を立てる。まるでガソリンを脂にしたよう——アルコール度数の高いブレンヴィンでさえもその味を洗い流してはくれなかった。

マッコウクジラの鯨蠟《げいろう》と鯨油

書き残されて後世に伝わるサガにもサメが登場するが、当時すでにサメを捕獲していたのか漂着しただけなのかは不明だ。サメ漁自体は十四世紀に広まり、時代区分としてはその頃にヴァイキング時代から中世に移行した。サメの肝臓から採れる肝油はアイスランドやノルウェーで重要な輸出品になった。肝油はビタミンAとDが豊富で、サメだけでなく鳥やアザラシ、クジラといった海洋生物からも抽出できる。スウェーデンのニシン漁黄金時代（一七五三〜一八〇九年）にはボーヒュースレーン地方だけで肝油精製所が五百軒あったという。ランプの油、潤滑油、石鹼、化粧品、爆発物の製造にも使われた。

北の海域で油脂を手に入れたければマッコウクジラを狙うことになる。バランスが悪いほど頭部が大きい大型のクジラだが、骨格標本だけを見ると思いのほか小さな頭蓋骨が後頭部についていて、顎はくちばしのように長く伸びている。しかし生きている時のマッコウクジラの頭部は大きくて四角に近いような形だ。それが体長の四分の一、体重の三分の一を占める。つまり地球上のどんな動物よりも大きな脳をもつが、十八世紀末から猛烈な漁獲の対象にされたのは数トンもある鯨蠟器官のせいだった。そこに「鯨油」と総称される物質が存在している。鯨蠟が欧米でspermaceti と呼ばれるのは、昔はその液体がクジラの精子（sperma）だと思われていたからだ。精子ではなかったが、鯨蠟器官が何の役割を果たしているのかは今でもわかっていない。仮説はいくつもあり、有力なのが泳いだり漁をしたりする時に大きな音を発する反響定位《エコロケーション》能力に関係しているというものだ。マッコウクジラのクリック音は二百三十dBという巨大な音圧に達し、他の動物は及びもつかない。

鯨蠟を精製して結晶化させたものが鯨油で、蠟燭、軟膏、化粧品、機械油などに利用されてきた。一頭のマッコウクジラから五トンもの精製鯨油が採れたのだ。その巨体のおかげで漁師と対決し、一八一九年にはアメリカの捕鯨船エセックス号を沈没させている。そのニュースに着想を得た作家のハーマン・メルヴィルは、エイハブ船長が復讐のために白いマッコウクジラ、モビー・ディックを追いかける小説を書いた。

捕鯨が産業化され、手りゅう弾を装着した銛を刺してクジラの体内で爆発させるようになってからはマッコウクジラに勝ち目はなくなった。二十世紀初頭は世界じゅうのクジラにとってまさに暗黒時代だった。大型種がいくつも絶滅し、ようやく保護措置が導入されたのは一九三一年になってからだ。ザトウクジラも保護対象になったが、百頭も残っていなかった。一九四八年には国際捕鯨委員会（ＩＷＣ）が設立され、一九八〇年代には商業捕鯨が禁止されたが、十年ごとに加盟国が投票を行い再検討されることになっている。二〇一八年の秋には日本、ノルウェー、アイスランドが商業捕鯨を容認するようキャンペーンを行ったものの、ＩＷＣは禁止を継続する決定をした。日本はあくまで研究目的だとして捕鯨禁止には一貫して反対してきたが、その弁明は委員会に却下された。

第三章　バターとチーズ
——神の食べ物、女性の苦労の結晶

バターは神々の食べ物とされてきた。聖書にも最初の食事として黄金色の脂のことが記されている。創世記には年老いても子宝に恵まれなかったアブラハムが三人の天使のために急いで食事を用意する場面がある。アブラハムはその内の一人が神だと思っていた。しかし「急ぐ」の定義は時代によってかなり変わるようだ。アブラハムはまず妻サラにパンを焼かせ、自分は外に出てよく肥えた仔牛を選び、召使いに解体させる。スウェーデン語訳では〝木陰で客たちにチーズ、牛乳そして仔牛のステーキを供した〟となっているが、他の言語では〝バターと牛乳〟だ。ヘブライ語の chem'ah はかきまぜたばかりの無塩バターでまだ柔らかいもの、あるいは〝濃厚な凝乳《ぎょうにゅう》〟と訳される。「あなたの重荷を主に委ねよ」の詩篇五十五篇にも〝彼の口はバターより滑らかだ〟という表現がある。

今日私たちが口にする食べ物の多くは偶然の賜物を制御したものだ。自然の気まぐれが人間の活動に侵入したとでも言おうか。たとえばカビの胞子は常にどこにでも漂っていて、食べ物に接触すると発酵が自然に始まる。ほとんどの場合は腐るだけだが、条件がうまく揃えば新しい、もっと素晴らしい食品が生まれることもある。自然発酵のパン、ビールやワインといったアルコール飲料、醬油や魚醬そしてカビチーズはおそらくそうやって生まれたと考えられている。同じように偶発的に牛乳がバターになったのだろう。

今から一万一千年前、スウェーデンの北のほうはまだ最後の氷河期の氷に覆われていたが、現在のイランには農耕社会が存在し、ヤギを放牧していた。ヤギは放牧地で搾乳され、乳はヤギの革の容器に密封保存された。暖かい日には牛乳はすぐに酸っぱくなり、太陽が沈んで寒くなると冷やされた。この寒暖差は牛乳が固まるのに理想的な環境だった。翌日、群れと共に移動する間に容器がシェイクされ、バターの塊と水っぽいバターミルクに分離した。他には、バターはチーズをつくる際の副産物として生まれたという説もある。バターをつくるいちばん簡単な方法は牛乳を放置しておくことだ。凝固して発酵すると凝乳というフレッシュチーズになり、残った乳清（ホエー）をかき混ぜると小さなバターの塊ができあがる。

エチオピアのニテル・キベ、モロッコのスメン

今のバターといえば直方体の塊が冷蔵庫で冷えているあれだが、バターというのは最初から固形だったわけではなく、昔はとろけるように柔らかかった。国連食糧農業機関（ＦＡＯ）の報告書にもサハラ砂漠の簡素な生活条件下でラクダバターを製造する伝統的な手法が説明されている。長い歴史のある、時間のかかる製造法だ。乳をラクダの革を縫い合わせた容器に注ぎ入れ、約十

二時間発酵させる。寒い冬には容器を焚火のそばに置く。なおこの革の容器は洗ったりしない。バクテリアが発酵プロセスに寄与するからだ。早朝に可能なかぎりの空気を吹き入れ、革袋の口を結び直す。最後に袋をテントのポールにかけ、バターになるまで激しく前後に振る。

砂漠のテントでバターをつくるなら砂が混入するのは避けられないし、暑さのせいで賞味期限も短い。だから――もっと気候の穏やかな地域で家畜を飼っていた場合もそうだが――次の段階としてギーをつくるようになった。ギーというのはバターを長時間加熱して乳たんぱく、糖質、水分を取り除いたものだ。室温での長期保存が可能なだけでなく、食材を炒めたり焼いたりするのにも適している。バターだと焦げてしまうのは乳たんぱくと糖質が含まれるからだ。バターの発煙点は百七十七度だがギーは二百五十二度まで耐えられる。

地中海の南や西の地域の台所ではこのバターオイルが欠かせない。エチオピアの香り豊かなバターオイル、ニテル・キベは濾過《ろか》する前にフェヌグリーク、クミン、コリアンダー、ターメリック、カルダモン、シナモン、ナツメグ等のスパイスで風味づけされる。

モロッコではバターを濾過してから味つけをする。塩だけのこともあれば、玉ねぎあるいはオレガノやタイムといったハーブを使うこともある。それから密封容器で少なくとも一カ月、できれば数年保存するとスメンという発酵バターの塊になる。その味はパルメザンチーズやカビチーズに匹敵し、クスクスなどの料理に使われるが、パンに塗ったりコーヒーに入れたりもする。

バターを発酵させて保存性を高めるのは何もモロッコに限った話ではない。二〇一六年の六月にアイルランド島の東側、ミーズ県で驚くべき発見があった。ジャック・コンウェイという男性がエムラー湿地で泥炭掘りをしていたところ、バターの入った木の容器を発見した。十キロもある巨大な塊で、何と言っても古かった。そう、驚くほど古かったのだ。まだ白くてクリーミーで、しっかり熟成させたチーズのような香りだったが、なんと二千年前のものだと推定された。信じられないかもしれないがアイルランドやイギリスでは時々こんな発見がある。特にスウェーデンのヴァイキング時代には、ブリテン諸島ではバターもラードも木の容器に入れて革や植物の繊維で密封し、湿地や沼に埋められた。理由は不明だが、何らかの捧げものだったのかもしれないし、冷蔵庫としていちばんマシな選択肢だったのかもしれない。しかしこれほど秀逸な冷蔵庫だとは誰も思わなかっただろう。

神話の中の牛と乳

人間にとって乳がどれほど重要だったのかはキリスト教の聖書だけでなく他の世界宗教の創世物語からも感じとれる。牝牛とその乳がすべての始まりだったという話は珍しくないし、ヒンドゥー教のヴェーダの儀式ではギーを火に投げ入れて炎が上がると、乳のように日常の最たるものにも神が宿ることを意味する。北欧神話は魔法の深淵ですべてが生まれたとされる原始の無ギンヌンガガプに始まるが、最初に何が起きたかというと、霜の滴から原始の牝牛アウズンブラ（豊かなる角なし牛の意）が生まれた。巨人ユミルはそのアウズンブラの乳を飲んで生き延びたとされる。そしてアウズンブラがギンヌンガガプの霜の粉が混じった岩塩を舐めると、神々の始祖であるブーリが生まれた。ペルシアの創世神話では最初に創られた生き物が男と牝牛だったし、エジプト神話の愛と多産の神ハトホルは牝牛の頭をした女性だったという。

ギリシアの女神ヘラはオリュンポスの女王で「牝牛の眼をした女神」とも呼ばれた。兄弟であるゼウス、神々の王であり天の支配者と結婚していたが、ゼウスの度重なる浮気――相手は女神もいれば寿命のある者もいた――は常にヘラの苦悩と憤りの源だった。ヘラクレスが生まれたのはゼウスがアルクメネの夫・アンピトリュオン王に変装して、戦場に赴いた夫の帰りを待つ彼女を誘惑したことによる。ゼウスは生まれたヘラクレスを眠っているヘラの胸の脇に置き、神の母乳を飲ませて不死の力を与えようとした。しかし目を覚ましたヘラは驚いて赤ん坊を突き放した。その時に乳が宇宙に飛び散ったとされ、銀河が英語でミルキーウェイと呼ばれるのはこのヘラとヘラクレスの物語に由来している。

白いクリームが黄色いバターに

牛乳からチーズやバターをつくると黄色になるが、ヤギや羊の乳でつくったチーズやバターは白亜色だ。その理由は牛が食べる草にビタミンAの前駆体であるβ-カロテンという色素が含まれているから。それでも草が黄色く見えないのはクロロフィルの緑色が優勢だからで、牛乳の場合はβ-カロテンが脂肪球を覆う膜によって隠されているから。しかし牛乳やクリームを加工すると膜が破れ、黄色が現れる。

バターでパンを焼こう

生地にバターを混ぜないパンはもっちりしているが、バターを混ぜるとふっくらして柔らかくなる。これはバターが小麦粉のグルテン形成を抑えるからだ。

バターを使ったパイ生地ではバターが層になっている。デニッシュ生地との違いはイーストを入れないところで、デニッシュ生地にはバターが二十七層になっているが、パイ生地はさらに多い。使用するバターは冷えているが固すぎてもいけない。チーズスライサーでスライスすると扱いやすい。まずは生地を四つ折り、それから三つ折り、そしてまた四つ折りして三つ折りにする。折るたびに生地を伸ばし、しばらく冷蔵庫で寝かせるのは張力を緩めるためだ。オーブンの中でバターに含まれる水分が蒸気になり、生地の層の間に隙間をつくる。こうして白い生地がさくさくふわふわした黄金色のパイになる。

バターはどんな材料と組み合わせるかで仕上がりの状態が変わる。砂糖と一緒に泡立ててパウンドケーキやスポンジケーキを焼く時には室温に戻しておく。そしてできるだけ空気を入れながら混ぜていく。ここでたくさん空気が入るほどふんわり仕上がる。ベーキングパウダーが気泡を増やすのではなく、すでに生地の中にある気泡が二酸化炭素を放出することで膨張するのだ。クッキーの場合はバターと砂糖が小麦粉のグルテンそして卵のたんぱく質を柔らかくしてくれる。

女性の労働の産物だった乳製品

新石器時代に定住するようになって以来、北欧では牧畜が重要な営みになった。二千五百年前に気候が寒冷化すると家畜の飼育と農耕がセットで強化され、中世には牧畜や酪農が典型的な田舎の風景となり、家事労働の一部でもあった。乳製品の中でも特に重要だったのがバターだ。十六世紀には鉄と皮革・毛皮製品に次ぐ輸出品だったし、税金や教会に納める十分の一税（教区民が収穫物の十分の一を教会に納めた貢租）も一部はバターで支払われていた。

他の乳製品と同じく、バターも女性の労働の産物だった。スウェーデン南部の街リンシェーピンの司教ハンス・ブラスクが一五二〇年代に自分の農場の労働者に作業内容を指示した際、二十人余の労働者の中で乳搾り女が唯一の女性だった。乳搾り女は農場の規模に合わせた十二頭の乳牛の搾乳と世話をすることになっていた。毎週徴税人にバターを納め、その量を記入してもらう。この仕事に就くにあたってバターを攪拌するための桶、水桶、牛乳缶、そして濾し布とそれを縛る紐、濾し布を受ける桶を貸与された。辞める際にはすべて返却しなければならない。

牧師で原始民族学者でもあったオラウス・マグヌスが十六世紀に『北欧民族史』に書き留めたテーマが地元の湖の怪物（!?）、鉱山開発、社会の状況、そして女性のチーズ職人ギルドのことだった。〝チーズの製造は（中略）男の手仕事であることはなく、女のものだ。夏になると近隣の村から集まり、その家でチーズがつくられる。そのための牛乳がたっぷり運ばれてくる。（中略）女の仕事にはどんな男も参加する権利はない〟。

今日私たちがスライスしてほおばるチーズはそんな女たちの試行錯誤の賜物だ。しかし歴史は必ずしもそのようには記録されていない。

丸い穴がいくつも開いたまろやかな味のヘルゴード〔荘園〕チーズが朝食のテーブルに上るのはスウェーデンでは見慣れた光景だ。このチーズは一八九〇年代にエステヨータランド地方のビャルカ＝セービィ農場で女性チーズ職人のクリスティーナ・レーフグリエンによって開発された。レーフグリエンはルーツブーストというチーズのレシピを基にしたが、ルーツブーストは十八世紀にスコーネ地方の荘園主がスイスのエメンタールに似たチーズをつくらせたのが始まりで、こちらには大きな丸い穴が開いている。「革を食べているようだ」と評されたものの、スコーネ地方では人気を博した。

一八三五年にはウルリカ・エレオノーラ・リンストレームという女性がスウェーデン北部ブールトレスク郊外のラップヴァットネット村で子沢山の貧しい家庭に生まれた。リンストレームは地元の子供のいない夫婦に引き取られ、その継父が亡くなった際に百リクスダーレルを相続し、農家での奉公を辞めて酪農学校で学ぶことができた。一八六九年にブールトレスクに戻るとガンメルビィン酪農場に雇われ、一八七二年からチーズ製造の責任者になった。同年に今でも使われているヴェステルボッテンチーズの製法を編み出し、驚くほど味わい深く日もちもするチーズができあがった〔スウェーデンを代表する高級チーズとして世界的に有名。今でも当時のレシピのままブールトレスクの酪農場のみで製造される」。レシピの詳細は今でも秘密にされているが、リンストレームが当時ハーヴィストイェータチーズと呼ばれていたチーズ——今のプレースト〔牧師〕チーズを思わせるような小さな穴がたくさん空いたチーズ——の加熱温度を上げ、その後の攪拌時間を長くしたことは知られている。すると今度はどういうきっかけでそのような技術革新に至ったのか、様々な憶測が飛び交った。ヴェステルボッテンチーズのオフィシャルサイトには〝自分に想いを寄せる下男に気を取られ、チーズ桶を見張るのを忘れてしまった〟という説明がある。

食文化史家のエドヴァルド・ブロムはこの歴史的記述を女性蔑視だと批判している。〝もしリンストレームが男で、ニルス・グスタフ・ダリエンのように灯台の調節器を発明したとしたら、歴史の記述者たちは嬉々として発明の裏に隠された天才的な知性や、最高の結果にたどりつくまでの長年の苦労や実地経験的努力を綴っただろう。しかし女性がスウェーデン史における最高のチーズをつくりだしたら、「気を取られたせい」「いい加減な性格」、そして「好色だったから」と揶揄される。（中略）ブールトレスクの酪農場のチーズ製造責任者が男でヴェステルボッテンチーズを開発したならば、美しい女中に誘惑されて仕事をおろそかにするという失態から生まれたとは語られなかっただろう。ウルリカ・エレオノーラ・リンストレームは熟練のプロで、きっと立派な職業人だったはずだ。しかしそういったことは地元では評価されず、チーズの誕生に関しても意地悪な噂が広まった〟。ブロムは産業史センターに寄稿した記事の中でそう息巻いている。

歯のバター

「歯のバター」とはデンマーク語の表現で、歯の痕がつくくらいたっぷりバターを塗ったパンのこと。歯のバターにはデンマークのライ麦パンがぴったり。

パンなしで塗るものだけ食べる

〝昔は農場を訪ねてもコーヒーなど出てこなかった。パンのスライスを半分にしたものにバターの塊、チーズそしてミスメール（牛乳からつくる茶色いチーズ）がのっていた。パンを手渡す人がそのバターをパンに塗り広げることは絶対になく、食べる人が親指サンドイッチにする（親指でバターを広げる）か、パンをちぎってはバターをつけるかで、それは「調理場食」と呼ばれた。パンに比べて塗るもののほうがたっぷりあったから、最後には塗るものだけ食べることになった。

——ダーラナ地方の女性の談話（北方民族博物館アーカイブ、一九四五年）

スウェーデンの酪農場から追い出された女たち

十九世紀最後の十年で小規模な酪農場が次々と現れ、それまでは農場で乳製品をつくっていた女性たちが酪農場で仕事に就くことは当然の流れだった。女性チーズ職人は農業社会で深く尊敬されていた――経済史学者リエナ・ソンメスタッドは論文「牛乳女からチーズ職人へ：酪農職の男性化プロセスに関する研究」でそう分析している。

酪農場でのチーズづくりには技術と経験が不可欠だった。近代的な測定方法もない時代に頼れたのは手に宿る知識だけだ。女性チーズ職人たちは屈強でもあった。五十キロもある牛乳缶や大きな重いチーズを運んでいたのだ。〝五十キロの中身が入った缶を持ち上げるにはコツをしっかり学ばなければ無理。でもそのうちにできるようになる。いちばん過酷なのは初日で、チーズが水分をたっぷり含んでいて重い。最初の晩はそんなチーズを何度もひっくり返さなければならない。それがいちばんの重労働で、女であってもチーズ職人がやらされた。（中略）時々腰がひどく痛んだ。でも痛みはそのうちに消える〟。ソンメスタッドの論文に情報を提供した女性はそう語っている。チーズ倉庫には天井近くまで渡された棚板にチーズが並び、最上段の二十キロもあるチーズをひっくり返す時には下段の棚板に足をかけた不自然な姿勢で作業しなければいけない。女性チーズ職人や酪農場の女中の労働時間は朝六時から夜九時までで、休みは日曜の午後だけ。その日の凝固、攪拌そしてプレスが終わると、洗い物をして床も磨く。こぼれた牛乳が一滴たりとも残っていてはならないのだ。

牛乳にまつわるあらゆる分野に男性が進出するようになったのは、乳製品に経済的関心が集まるようになってからの話だ。十九世紀の終わりにはスウェーデン国内の牛乳生産量が増加し、バターが改めて重要な輸出品になった。当時の社会全体と同じく農場も男が支配する場所であり、市場が発展して乳牛や牛乳が脚光を浴びるようになると農園主他の男たちも関心を寄せ始めた――とマッツ・モレルの『工業社会における農業』にも書かれている。男が牛乳を酪農場まで運び、農園主はその酪農場を所有する乳業協会および家畜繁殖管理協会のメンバーでもあった。女たちは次第に牛の繁殖作業からも外されるようになった。以前は農園主の妻や信頼の篤い女中が若い牝牛を群れに連れていき、出産にも立ち会ったものだが。

一九〇八年には男のチーズ職人が自分たちの利益を強化するために協会を設立した。男女別の教育課程の導入を押し通し、男性向けの課程のみ管理職を目指す内容にした。牛乳や乳製品製造を自然科学という伝統的な学問に組みこむことにより、牛乳と男らしさのギャップを埋めた――とソンメスタッドは評している。〝牛乳はもう女性が扱う謎めいた存在ではなくなった。男性にも理解できる化学溶液になったのだ。（中略）理論に精通したアルナルプ農業大学出身の男のチーズ職人は将来を嘱望されるプロ、それに対して実作業に長けた女のチーズ職人は間もなく消える運命にある小規模な職人技術を象徴していた〟。

男性支配によるスウェーデン乳業協会が雇用主に推奨したのが、女性専用の給与水準を設定することだった。具体的には男性の七十～九十％の給与で、製造責任者の場合のみ同じ仕事に対して同じ賃金が推奨された。しかし一九三六年にはその点までもが変更され、女性責任者の給与も二十％減になった。〝労働市場における競合の激化とチーズ職人組合の恣意的な専門化により、男性チーズ職人は女性の能力と教育水準に疑問を抱き、批判を始めた〟とソンメスタッドは書いている。

しかし女性の賃金の低さが男性チーズ職人にとっても問題になった。低賃金である女性のほうが労働市場で有利になり、それが不当競争だと捉えられたのだ。

戦間期には酪農場自体が瞬く間に男性化された。二十世紀初頭のスウェーデンの酪農場では労働者のほぼ全員が女性、一九二〇年にも六十四%を占めていたが、一九三九年には二十五%にまで減少している。女性が独占していた労働市場に男性が割って入ることができたのは機械化や規模拡大が理由だ。この頃に性的役割が変化したという背景もある。映画やメディアが提示した新時代のブルジョア女性の理想像は屈強な乳搾り女とは対照的だった。これからの女は農場なんかで働かない。オフィスや店舗、あるいは学校で黒板の前に立つのだ。

チーズ職人課程が男女別になってからも、例外的にアルナルプ農業大学の男性課程に通った女性もいた。その一人が一九二六年に卒業したソフィ・エリクソンだ。一九三一年にエスレーヴの酪農場に雇われたが、数年後にスウェーデン乳業協会が推奨する、男性と同じ賃金を要求したことから地元の乳業協会の理事会と衝突、一九三七年には給料が上がるどころか解雇通知を受けとることになった。理事会はその決定に際して〝会計、簿記、その他チーズ製造事業全般を引き継ぐことのできる男性責任者を雇用したほうが有利である〟としている。しかしそういった作業はエリクソンもできたことで、やると申し出てもいた。彼女の後任になった男性には何の問題もなくスウェーデン乳業協会の推奨給与に則《のっと》って賃金が支払われた。

焦がしバターとキャラメルの味

焦がしバターはフランス語で「ブール・ノワゼット」、ヘーゼルナッツのバターという意味だ。セージやローズマリーといった強い香りのハーブ、ナッツ、春野菜や魚などのまろやかな食材とよく合う。シンプルなパウンドケーキも焦がしバターを加えれば格段に風味が増す。

簡単なのは小鍋でバターを焦がす方法だ。強火で加熱して、バターが溶けたら火を弱める。鍋の底に沈殿したものが焦げないよう目を離さずに泡立て、キツネ色になりキャラメルのような香りがしたら完成だ。その時には約百二十五度になっている。焦がしバター特有の甘いナッツのような魅惑的な味は乳たんぱくと乳糖がメイラード反応を起こすことから生まれる。メイラードという名称は一九一二年にこの現象を特定したフランス人化学者ルイ＝カミーユ・マヤールの姓を英語読みしたものだ。

メイラード反応は一種類の反応ではなく、加熱によって糖とアミノ酸が同時に何百という食欲をそそる変化を起こす。色が黄金色か茶色になり、新しい味と香りが誕生するのだ。メイラード反応は実は普段「美味しい」という一言で片づけられる味の多くに関わっていて、肉や魚、キノコ、玉ねぎ他の野菜の表面の焦げ目、焙煎したコーヒー、ビールやウイスキーのローストモルト、パンや焼き菓子のカリカリした部分、それに揚げ物の黄金色の表面などがその一部だ。これと似ているのが「キャラメル化」で、味も見た目もよく似ているが、化学的な変化のプロセスが異なる。キャラメル化では糖だけが変化を起こし、たんぱく質は関与しない。

女性を苦しめた〝白い鞭〟

酪農場に機械化の波が押し寄せるまでは女性が続けていた仕事もあった。それが乳搾りだ。一九一四年、大手朝刊紙スヴェンスカ・ダーグブラーデットにエステル・ブレンダ・ノードストレームのルポルタージュ記事が掲載され、後に『女中の中の女中』という本にもまとめられた。当時は若い女性が田舎から都市に出てオフィスや工場で職を得ていたため、農家では女中不足が問題になっていた。ノードストレームは偽名を使ってセルムランド地方の農場に雇われ、若者が避けるようになった低賃金の重労働を自ら体験した。なお、これはドイツ人男性ジャーナリストのギュンター・ヴァルラフが「覆面ジャーナリズム」という手法で有名になるよりずっと前の話だ。

朝の五時には鐘が鳴る。ベッドを整えてから、畑に出る下男の朝食を用意する（「もちろんコーヒーだけよ。平日の朝からパンなんてあるわけないでしょ！」と女中仲間のアンナがぴしゃりと言う）。〝長い上り坂を走って牛小屋へ向かうと、搾った乳を入れるガラスの瓶が透き通った音を立て、重い牛乳缶の金属の角が脚に当たる〟。そして牛小屋に入ると、そこには静けさと平和が広がっている。〝牛が反芻する穏やかな音と強靱な歯で干し草をぱりぱり噛む音。その中に座り、柔らかく温かな牛の躰に頭をもたせかける。その乳が私の指の間で、大きく張った乳首から木桶へと流れる音が響く〟。搾った乳は牛乳急便で最寄りの牛乳工場に送られる。午後になるとまた搾乳の時間だ。

ノードストレームは農場で一日十六時間働いた。一週間で唯一の休みは日曜の数時間だけ。その家には農園主と妻、子供が五人、女中が二人、下男が四人、そして住みこみの森林労働者が四人いた。女中は下男より早く起きだし、下男は夕食後は自由時間だったのに対して女中は夜遅くまで働かされた。農園主の妻は七歳以下の子供五人の世話をして、牛小屋も手伝ったが、農園主本人はノードストレームのルポルタージュによればほとんどソファから動かず、〝ビジネスの話がある〟と言っては町に出かけた。

農場には女中や下男の他に、十八世紀から一九四五年まではスタータレ〈既婚の奉公人〉という身分の人々も働いていた。スタータレは〝スターテン〟と呼ばれた賃金の大部分を住居と食料という形で受け取っていた。大きな農場や荘園に雇われ、劣悪な環境で知られる長屋に暮らした。支払われるスターテンだけでは生活に足りず、現金で購入しなければならない品もあったが、それを買うのは荘園の中にある商店だ。現金支給が少ないため、スタータレの一家は雇用主に借金をつくることになる。年に一度契約が解除されて別の雇用主を探す権利があったが、借金返済の目処もなく事実上の農奴として生きていた。

イーヴァル・ロー＝ヨハンソン、ヤン・フリーデゴード、モア・マティンソンといったプロレタリア作家はスタータレのような農場労働者が搾取される様子を作品に描いた。特にロー＝ヨハンソンはスタータレの子として生まれ、彼の声はスタータレ制度の廃止につながる議論の中で大きな役割を果たした。スタータレとして雇用されるのは夫だが、その家族に乳搾りを手伝う女性がいることが条件だった。トルプにあるスタータレ博物館によれば、スタータレの妻は一日三回、十二～二十五頭の牛の乳を搾っていた。重労働である家事（ジャガイモは皮をむいて茹でるだけでなく、まずは育てて収穫しなければならなかった）や子育てはロー＝ヨハンソンが〝白い鞭〟と呼んだ乳搾りのせいで苛酷なものになった。

酪農業の機械化は人工繁殖、飼料の効率化、健康状態の改善をもたらし、牛たちは生産性の高い牛乳マシンと化した。一九七三年からスウェーデンの乳牛の数は半減しているが、牛乳の生産量はわずかに減った程度だ。一頭あたりの生産量は元々高いレベルにあったが、それが倍になった。自然な状態の乳牛は自分の仔に飲ませるために一日に五～十リットルの乳を出すが、二〇一〇年代のスウェーデンの酪農場では一日に六十～七十リットルの搾乳が行われている。

バター入りコーヒー

コーヒーに塩や脂肪を入れるのは古くからのサーミの伝統だが、ネパールやチベットではそれがお茶になる。バター茶といえば黒茶にヤクの乳のバターと塩を加えたものだ。このような伝統は世界各地で見られるが、白人男性が今さらそれを革新的な飲み物として装いも新たに宣伝したところで売れるのだろうか。アメリカ人のデイヴ・アスプリーがチベットに旅をしたのは二〇〇四年のことだった。四十五歳のＩＴ実業家で、それまでブレインフォグと過体重をどうにかしようと診察や脳のレントゲン検査に二百万クローネを費やしていた。しかしながらチベットからアメリカ西海岸に帰る時には脳の霧が晴れていたのだ。彼の思考はバターへと彷徨った——チベットではバター茶を飲んでいたせいか、標高の高さも辛くなかった。

帰国したアスプリーは試行錯誤を重ねた。黒茶はアメリカ人にも身近なコーヒーに、ヤクバターは牛のバターに置き換えた。そこにトリグリセリド油（脂肪の多い魚などに含まれる油で、アスプリーは「脳のガソリン」と称して販売している）を数匙加え、表面が細かい泡に覆われるまでミキサーにかける。完成した飲み物は「防弾《バレットプルーフ》コーヒー」と名づけられた。アスプリーはこの完全無欠コーヒーと他の健康ハックのおかげでＩＱが二十ポイント以上上がったという。その仕組みはさておき、二〇一〇年代にもなってコーヒーに新たなニュース価値を与えられたのはある意味天才だと言える。

伝統的なスウェーデンのバター製造法はこうだ。まず牛乳を涼しい場所に置き、浮き上がってきたクリームをすくい取る。その時には牛乳は充分に酸っぱくなっている。二十世紀初頭にノルボッテン地方に生きたアルゴット・ルンドベリが北極圏にほど近い下《ニエデル》ルーレオにおけるバターづくりの様子を民俗誌的な記述に残している。〝週の終わり、たいがいは土曜日にその週にとれたクリームをバターに攪拌する。豊富にクリームが手に入る大所帯なら週に二回行われる。攪拌するのは女の仕事だ。特に攪拌後の仕上げ作業は。状況が許せば男が攪拌を担当することもある。木の樽にさした棒を上下させるのは重労働だ。バターの入った樽は一メートルほどの高さなので立って棒を上下させるのがいい。座って攪拌するのは効率的ではない〟。この攪拌作業を少なくとも一時間続けてから、樽から出して練り合わせる。小さな木製の玉杓子などを使ってしっかりバターミルクを絞り出し、水で洗って塩を混ぜる。

バターづくりは晩夏から初秋にかけて行われた。自然な状態の牛は夏しか乳を出さないからだ。「一八五〇年代に年じゅう乳を出す狂気のような動物を創造するまでは、牛乳が手に入って乳製品をつくれるのは七月、八月、九月だけでした。十月には牧草が育たなくなり、乳牛は乳を出さなくなるんです」とハンナ・トゥンベリは言う。

トゥンベリは考古学者でソムリエでもあり、中世料理の本を二冊執筆している。そんな彼女が「昔はバターの味が違った」と言う。今よりかなり酸っぱかったし、塩辛かった。当時は塩が唯一手に入る保存料だったからだ。

「私たちが食べ慣れている甘いバターとは違い、もっと雑な強い味でした。近代的なバター製造に欠かせない冷蔵室などの技術は一九〇〇年頃に開発されたものの、農家ではその後もしばらく生々しいバターの味が残っていた」

味というのは慣れの問題だ——とトゥンベリは言う。強い酸味は腐ったような味を調整してくれる。なお、中世には腐ったような風味というのは必ずしもネガティブなものではなかったようだ。

バター、魔女、セクシュアリティ

なぜ昔から搾乳や乳製品が女性に関連づけられてきたのか。一説には乳が生殖、出産そして授乳という女性の人生経験と密接に関係しているからだ。二〇一五年の母の日に、エッセイストのロザ・ガレー・ダルが女性と牝牛の宿命は母性を通して常に絡み合ってきたという記事を寄稿している。〝女として母として労働者として、牝牛とその乳搾り女は同じ運命の手に委ねられた。互いの分身となったのだ〟。

デンマークの歴史家ベアギッテ・ボッシンによれば、農業社会において搾乳という労働はセクシュアリティ、セックス、魔法を象徴していた。売春婦がバターを固まりやすくしてくれる一方で、魔女はクリームを悪くしてバターをつくれないようにすると考えられていた。民俗学者のヨーナス・フリークマンも著書『農業社会の中の未婚の母』でセクシュアリティとバターづくりの関係を指摘している。地方によっては裸がバター運をもたらすとされていた。

セーデルマンランド地方のエスモー教会に入って頭上に目をやると、アーチ型の高い天井に劇的な場面がいくつも描かれている。ツタのように伸びた花模様が壁や絵柄を取り巻き、預言者ヨナがクジラの腹から出てきた様子や、剣を携えた天使がアダムとイブを天国から追い出すシーンが繰り広げられている。十五世紀に「絵描きのアルベルト」ことアルベルトゥス・ピクトルが手がけた天井画だ。聖書の物語以外にもその地方の民間伝承が描かれているが、当時のスウェーデン全般の風俗だとも言える。当時は何百年も魔女や悪魔が紛れもなく生きた存在であり、搾乳の邪魔をすることも頻繁にあった。ここエスモー教会の天井画ではウサギに乳を飲ませる牝牛を悪魔が抱きしめている。隣の絵ではバターを攪拌する女性の横に同じ邪悪な悪魔が立ち、悪魔がバターづくりを手伝う間、女性の足元ではウサギが木桶に牛乳を吐いている。

ビヤーラあるいはミルクウサギと呼ばれる存在もいて、よその牛から牛乳を盗むために魔女が使っている精霊だと考えられていた。ビヤーラの姿にはいくつか種類があり、ダーラナ地方では猫か鳥の姿をしているが、ノルランド地方では毛糸玉だとされた。またヘルシングランド地方のセーデラーラでは、一五九七年に行われた魔女裁判で〝女たちがバター、土、狙った相手の家の窓枠を焼いた灰、教会の鐘の金属、自分の指から取った血、生きたヘビを使ってビヤーラをつくった〟という記録が残されている。

超自然的な力だけではなく、自然界の気まぐれもバターづくりに影響を及ぼした。バターを攪拌する時には暑すぎてもいけないし寒すぎてもいけない。何よりも雷が鳴りそうな時はよろしくない。〝イーダがバターを攪拌していた。時々蓋を開けて中を覗くが、固まる気配はない。もう一時間も棒を上下させているのに。バターができないのは空気に雷を感じるからだ〟。ヴィルヘルム・モーベリ〔二十世紀のプロレタリア作家。代表作はアメリカへ移住した農民家族を描いた『移民たち』シリーズ四部作〕が作家として脚光を浴びるきっかけになった小説『兵士ラスク』にはこんな場面が描かれている。バターができあがればイーダ（ラスクの妻）はすぐに村の商店に売りに行くつもりだった。どうしてもバターをつくらなければ——。二人の小屋にはもう砂糖も塩も、ニシンの酢漬けもコーヒーもないのだ。農作で生きる家庭ではバターが現金収入を得られる数少ない品だった。

大気の状態のせいでバターがなかなか固まらないというのは長らく迷信だとされてきたが、雷が鳴ると本当に物質の性質が変わる可能性が示された。たとえばゼラチンも柔らかくなるが、それはどうやら雷が光る前の放電が原因のようだ。電磁放射はかなり広範囲まで届く。そのせいで牛乳が悪くなってクリームがバターにならないと広く信じられていたのかもしれない。

大聖堂を建設した免罪符

バターは長きにわたり地中海沿岸で悪評を立てられてきた。そのあたりは牛を飼うには難しい地形で、代わりに羊とヤギの乳をチーズにしていた。バターなど、北の野蛮人の食べるもの――五世紀のローマ司教シドニウス・アポリナリスも当時ローマ領だったガリアの兵士の習慣に嫌悪感を露わにしている。〝野蛮なドイツ語を聞かされ、悪臭を放つバターを頭に塗ったブルゴーニュ人が酔って歌えばいやが応でも拍手せねばならなかった〟。

中世には一年の半分以上が断食日だった。復活祭《イースター》前の四十日という長い断食期間に加え、毎週水曜日、金曜日そして土曜日、あとは聖なる祝日の前夜も断食をすることになっていた。断食中は肉、乳製品、卵が禁止されていた一方で、魚と植物油は許されていた。そのルールを策定した地中海沿岸諸国ではそれでよかったが、北欧ではその食品制限が非常に困難だった。油はオリーブオイルを輸入するよう指示されていたが、高価なうえに質が悪かった。この断食ルールに対して激しい反発が起き、それが政治体制の上層部にまで達して、北ヨーロッパで宗教改革が強く支持された要因になったとも考えられている。歴史家ブリジット・アン・ヘニッシュも著書『断食とごちそう：中世社会の食』の中で、一五二〇年にマルティン・ルターが記述した内容を引用している。〝ローマは自分たちが靴に塗ることもしないような劣悪な油を食べろと強要してくる。（中略）おまけにバターを食べることは嘘、冒瀆、淫行よりも大きな罪だと言う〟。

バターを食べるために激しい駆け引きが続いた。十五世紀にカトリック教会が免罪符という新商品を投入し、十六世紀にはそれがビジネスとして成長を遂げた。バチカンはサン・ピエトロ大聖堂の再建資金を工面するために免罪符を売り、信者は罪から解放されるために免罪符を買ったが、免罪符の一つにバター符というのがあった。これを買えば禁止されているバターを食べることを許される。クロード・モネが好んで描いた壮麗なルーアン大聖堂のバター塔は、このバター符のおかげで一四八五年から一五〇七年にかけて建設されたものだ。断食中にバターを食べるためのお値段は六デニールで、これはよく肥えた雄鶏一羽ほどの値段だった。一四九一年にはイギリスのアン女王が断食中でも料理にバターを使用する許可をバチカンからとりつけ、間もなくハンガリー、ボヘミア、ドイツ、フランスでも同様の免除が発令された。

バターの奇跡

しかしカトリック教会もバターの魅力をまったく知らなかったわけではないようだ。ドイツの隠遁者ハセカは腐ったバターを新鮮に戻すという奇蹟を起こして、十三世紀に聖人に列せられている。伝説によるとハセカはバイエルン州のシッテンバッハ村で地下の部屋に住み、施しとして受け取ったものだけを食べるという極めて敬虔な生活を送っていた。ある日腐ったバターをもらい、それを箱に入れておいたが、それがひどい悪臭を放つようになってハセカの世話をしていたベルタも耐えきれなくなった。そこでハセカはひざまずいて祈った。「主よ、このバターがどんなものであっても、私たちはあなたの御名においていただきます。力はすべてあなたの手の中にあります。あなたの力と強さはいつでも望む時に悪しきものを善きものに変えることができる。よろしければこのバターも美味しくしてください」翌日ハセカがバターを手に取ると、まるでできたてのような香りがした。そしてハセカとベルタは存分にバターを満喫したという。なおアイルランドの守護聖人ブリギッドはしばしば聖牛を脇に従えて描かれるが、彼女もバター関連の奇蹟を起こしたと言われている。

中世のカトリック教徒は金を払って断食から解放されようとした以外にも、断食中の料理のレパートリーを増やすべく実験的動物学にもいそしんだ。ビーバーは水中に生息するので肉ではなく魚として分類し、マガンも断食食として合格になったのは他の鳥と違って卵を産まず、フジツボの中で成長すると考えていたからだ。ヘニッシュはこのようにも書いている。〝この上なく複雑な規則や規制の檻をつくってそこに自分を閉じこめる――それは人間の本質とも言える行為だ。そこから真剣に頭を悩ませて創意工夫を重ね、誇らしげに檻から脱出してみせるのもまた人間だ。断食は己への挑戦だった。その目的は抜け穴をみつけること〟。

もとよりバリエーションに乏しい北国の料理は断食同様限界があった一方で、革命的変化を遂げたのがフランス料理だ。中世においてはフランスがヨーロッパ料理の中心地としての地位を固めたが、フランス貴族の厨房では甘いものと塩辛いものを混ぜてはいけないという考えが広まった。そのため以前はよく料理に使われていた果物が塩味の料理からほぼ完全に姿を消し、それまで主流だった酸味のあるビネガーベースのソースがバターと脂肪ベースのソースになった。そして一七八九年の革命後、フランスのレストランシーンはさらなる成長を遂げた。初めてスターシェフが登場し、一八四六年には「シェフの中の王、王のためのシェフ」として歴史に名を残すオーギュスト・エスコフィエが誕生した。エスコフィエは有名レストランのメニューを現代風に刷新し、作業手順も発展させて合理化し、一連の料理本は世間にも大きな影響を与えた。複雑多様なフランスのソース文化を五つの基本ソース（ベシャメル、エスパニョール、ヴルーテ、オランデーズ、トマトソース）にまとめたのも彼だ。どのソースもバターが鍵となる。バターなしの高級料理《オートキュイジーヌ》などありえないのだ。

パスタの境地

イタリア料理では基本的に生クリームを使わないが、バターは使われる。パスタとソースのマリアージュに際してよく使われるテクニックが、でんぷん質の入ったパスタの茹で汁を一デシリットルとたっぷりのバターを投入してソースに輝きを与えるというもの。その結果、生クリームならば濃厚で重くなるところが、シルクのように滑らかな仕上がりになる。

皿の上にバター百グラム

レストランの厨房では理解しがたい量のバターが消費されている。司会者そして有名作家になる前、アンソニー・ボーデインはシェフだった。一九九九年にザ・ニューヨーカー誌に掲載されたエッセイ『これを読む前に食べるな』で作家としてブレイクしたボーデインが〝シェフの世界ではバターがすべてだ〟と書いている。〝フランス料理店だけでなく北イタリア料理や、シェフが「バターやクリームを使うのはやめた」と豪語するようなモダンなアメリカ料理のレストランでも膨大な量のバターが使われている。訪れる価値のあるレストランはどこもソースにバターを使っているし、パスタ料理もバターで味を引き締め、肉や魚はバターと油を混ぜて焼き色をつける。エシャロットやチキンはバターでキャラメリゼされる。ほとんどのフライパンに最初と最後に入るのはバターだ〟。ニューヨークでボーデインが優れたレストランだと評する店の食事には、推定して軽く百グラムのバターが含まれているという。

たとえ高級レストランの厨房といえどもバター自体は普通のバターだ。有塩バターと無塩バターの区別があるくらいで、それ以上の違いはない。バターは一年じゅう味も見た目も同じになるように標準化されている。本来なら季節や牛の餌によって風味や色が変わるが、今ではそのバランスを取るために添加物が使用されている。

アイコニックなシェフ、オーギュスト・エスコフィエ（一八四六〜一九三五）は料理本も執筆し、新時代の高級フランス料理を確立した。無数に存在するソースの中から基本となるものを五つ選んだが、どれをとってもバターが重要な材料だ。

ベシャメルソース

フレンチホワイトソースとも呼ばれ、シンプルなものは薄い色のルーと牛乳でできている。ラザニアやムサカといった料理に欠かせない。

エスパニョールソース

スペイン風ソース。このブラウンソースの主成分は濃い色の仔牛の肉汁で、ルーは焦がす。トマトピューレ、赤ワイン、場合によってはクリームを入れる。

ヴルーテソース

ヴルーテ（Velouté）とはフランス語でベルベットのこと。ベロア（Velour）の方が聞き覚えがあるだろうか。明るい色のソースで、薄いブイヨンに小麦粉とバターの薄い焦げ色のルーでとろみをつけたもの。スープにもヴルーテと呼ばれるものがある。

オランデーズソース

オランダ風という意味で、たっぷりのバター、白ワインビネガー、卵黄が使われる。定番のアスパラガスはもちろん、魚や春野菜との相性も抜群。エッグベネディクトにも欠かせないソースで、ポーチドエッグやハム、あるいはスモークサーモンやほうれん草に垂らす。

トマトソース

トマトソースはイタリア料理や南米のサルサに欠かせない。南米はトマト発祥の地であり、最初に栽培された場所だ。エスコフィエのフランス風トマトソースには塩漬け豚とバターが入っている。

二〇一〇年代の初頭、パトリック・ヨハンソンが当時スウェーデン唯一の純粋なバター工場〈ヴァルモバッケン・バター〉をアリングソースの町に設立した。二〇一五年からは英仏海峡に浮かぶワイト島で製造が行われている。そこでつくられる酸味のある手づくりヴァージンバターは早い段階からスウェーデンだけでなく海外のスターシェフからも「自分のレストランで出したい」と引き合いがあった。ヨハンソンによれば「ほんの五、六十年前にスウェーデンで日常的に使われていたバターに似た味」だという。

「工場生産が始まる前は、バターが黄色くなるほど長時間攪拌したのは週末やパーティー用のバターだけだった。普段の日のバターは白っぽくて酸味があった。うちのヴァージンバターのようにね。脂肪分が四十％と少ないので、冷蔵庫から出してすぐに塗ることもできる」

イギリスに拠点を移してから〈ザ・バターヴァイキング〉に社名を変更したのは、ヨハンソンがガーディアン紙につけられたニックネームを気に入ったからだ。そしてフランス人と見ればバターの攪拌技術を大陸にもたらしたのはヴァイキングだと教えるチャンスを逃さない。「フランス出身の人にはぜひ教えてあげて。ぼくは一度などリンチに遭いかけたこともある。彼らはまったく激怒したよ！」

マーガリンを推奨するスウェーデン食品庁

スウェーデンのメディアでは定期的に「バター闘争」のニュースが報じられる。これはスウェーデン食品庁の推奨に従って〈レッタ〉とか〈ベセル〉といった鍵穴マーク認証〔食品庁が北欧の栄養推進と科学的根拠に基づき推奨する食品につけられたマーク〕のついたマーガリンを提供する自治体や学校、それに対してバターや〈ブレゴット〉〔スウェーデンで食卓用バターとして最も普及している〕を求める職員や保護者の間で交わされる闘いのことだ。二〇一二年九月にはストックホルムのアルヴィク小中学校が舞台となった。〈ブレゴット〉が鍵穴マークのついたマーガリン〈ベセル〉に切り替えられた数日後には大手朝刊紙ダーゲンス・ニィーヒエテルが現場からレポートを行った。その日生徒たちが食堂に行くと、新しい食卓用マーガリンだけでなく〝過体重の子供が多いからマーガリンを提供する〟という貼り紙に出迎えられた。九年生のリンダ・スタンコビッチさんは「〈ベセル〉はめちゃくちゃまずくてプラスチックみたいな味」と語る。それに生徒が太りすぎなのは学校のバターのせいではなく、学校以外の食事が良くないせいだろう。「うちのママもこれはひどすぎる、脳には脂肪が必要なのにって」

その後すぐにアルヴィク小中学校およびストックホルム市内の学校に〈ブレゴット〉が戻ってきた。

〈ブレゴット〉は全脂肪の食卓用油脂で、バターが約七十%、残りは菜種油、塩、水でできている。〈ベセル〉のほうは原材料名が長いリストになるライトマーガリンだ。

スウェーデンの食品庁は飽和脂肪酸の摂取量を減らすために、バターの代わりにライトマーガリンを、全脂肪乳の代わりに脂肪分〇・五%の牛乳を推奨している。飽和脂肪酸を減らして不飽和脂肪酸を増やせば心血管疾患のリスクを減らせるとされているからだ。食品庁によればそもそも飽和脂肪酸を食べる必要はまったくない。その理由は体内で必要とされる飽和脂肪酸は他の脂肪酸からも生成できるから。しかしその点に関してはバターなしで料理するなど不可能だと考えるシェフはもちろん、激しく加工されたマーガリンよりもバターが身体に悪いはずはないと信じている多くの国民とも意見が異なる。

そもそもマーガリンが誕生したのはバターより身体に良いものを開発しようとした結果ではなく、深刻化する脂肪不足を解消するためだった。大都市の人口が増え続け、その大部分が栄養失調という現状を打破するために、一八六六年にフランス皇帝ナポレオン三世が〝安価なバター代用品を発明した者に多額の報酬を与える〟というお触れを出した。軍でも使用される予定で、安価に製造できて長く保管しても腐ったり強い臭いを発しないことが条件だった。

三年後に化学者イポリット・メージュ＝ムーリエが牛の腹膜脂肪や乳首からバター代替品をつくることに成功した。脂肪塊を、牛乳やバターに天然に含まれる風味物質アセトインとジアセチルで風味づけしたものだ。メージュ＝ムーリエはこの淡い色の製品をオレオマーガリンと命名した。オレオは油、マーガリンはマルガリン酸を指す。翌年夏の独仏戦争でパリがプロイセン軍に占領されると、マーガリンが大々的に使用されるようになった。

マーガリンのメリットは安いこと——なにしろバターの半分の値段——そして耐久性があることだ。対するはしばしばニュースになる「マーガリン懐疑論」、そしてリソース豊かな乳製品業界もマーガリンに敵対的な態度をとった。アメリカでは乳製品業界がロビー活動を開始し、マーガリンは消化不良を引き起こす、病気の牛、死んだ馬、豚、狂犬そして溺れた羊が入っていると攻撃した。十九世紀にも同じような理由で食肉業界での評判は悪かったが、それでマーガリンが擁護されるわけでもなかった。アメリカの乳製品業界は何度もマーガリンを禁止に追いこもうとしたが、最高裁判所で下った判決は、禁止は問題外だが、バターに似せるためにマーガリンを黄色に着色することについては各州の判断で禁止を導入してよいというものだった。これを受けて、州によってはマーガリンが赤、黒、またはピンクに着色された。アメリカ外でもマーガリンへの反感は強く、ニュージーランドでは長い間医師の処方箋なしには購入できなかったし、カナダのケベック州ではマーガリンの黄色着色禁止が二〇〇八年まで続いた。

スウェーデンでマーガリン製造が始まったのは一八八一年で、ヘルシンボリで小規模に開始された。そしてここでもマーガリンを排除する努力が行われ、一八八九年にはラントマンナ党〔一八六七年に農村のために設立された党〕が国会にマーガリン禁止の動議を提出している。

一八七一年にはマーガリン開発者のメージュ＝ムーリエが後に巨大企業〈ユニリーバ〉となるオランダの〈ユルゲンス〉に特許を売却した。その後二十世紀初頭には植物油を固形化する水素添加技術が開発され、二十世紀半ばにはマーガリンのほとんどが完全に植物性になった。

現在のマーガリンに含まれる植物油は通常、加熱圧搾されている。油をリン酸で処理するところから精製が始まり、水酸化ナトリウムで中和する。その後濾過され、残った着色成分や重金属は活性白土で除去していく。次の段階で油を二百三十度かそれ以上で水蒸気蒸留する。この工程は脱臭と呼ばれ、その名の通り臭みや雑味成分を取り除く役目がある。しかしこの二百三十度というのが油の自然な発煙点を超えており、健康上のリスクにつながるとされている。発煙点というのは脂肪分子が集まり始め、身体に悪いかもしれない化合物が形成されだす温度のことだ。油でエステル交換反応が起き、脂肪酸がより強固な構造を目指して移動する。これは反応性のあるナトリウムメチラートを添加することによって可能になるが、遊離型のナトリウムメチラートは腐食性で自己発火性もある。そのため脂肪内の結合が破壊され、新しい結合が生まれる。マーガリン懐疑論者はこのエステル交換油に、国によっては禁止対象になっているトランス脂肪酸のような悪影響があると考えているのだ。この脂肪の結合は従来存在せず、人間の身体にとって未知のものだからというのが理由だ。

次の段階では粘度を調整するレシチンを混入し、マーガリンに含まれる液体と脂肪を結合させる。食品産業で一般的なレシチン源は大豆だ。ライトマーガリンを製造するなら液体の割合を多くしなければいけないが、最終製品がばらばらにならないよう粘度を高める必要がある。そのためにでんぷんやゼラチンを加える。そして香料、着色料、塩を添加する。

つまりマーガリンはこの上なく工業化された製品であり、食品という観点からは地位が低く、評判も悪い。マーガリンの評判をさらに落とすのが、EU食品安全法の例外により食用油は食品以外のものを入れるタンクで輸送できることだ。食用油、主にパームオイルは東南アジアから大量に輸入されてくる。そのタンカーを空で帰さないように約百種類もの化学物質で満たす。食用油を入れるのと同じタンクで輸送される物質にアセトン、グリコール、硫酸などがある。

牛乳──国民の家の白いドリンク

昔は新鮮な牛乳をそのままごくごく飲むことは珍しかった。農家ではバターやチーズのように長持ちする食品をつくるのに使われたし、都会では結核他の細菌を媒介することから〝白い毒〟として知られていたからだ。十九世紀終盤になると低温殺菌技術が開発され、七十度以上で加熱してサルモネラ菌、リステリア菌、腸管出血性大腸菌等の細菌や微生物を死滅させられるようになった。

二十世紀中盤のスウェーデンでは政治家も乳製品に関心を寄せていた。牛乳は「国民の家」〔二十世紀中盤に福祉国家建設を目指した概念〕の飲み物であり、新興福祉国家において現代的かつ健康的な選択肢とされた。〝二十世紀初頭にその存在を知られるようになったビタミンやミネラル、たんぱく質といったものの重要性を、牛乳生産者が研究界や国家権力の積極的な支援を受けて驚くほど前向きに自分たちの事業に利用した〟と民族学者のホーカン・イェンソンが著書『牛乳：乳製品棚の新しい経済と文化的分析』で分析している。スウェーデンを重労働でブレンヴィン漬けの貧しい農業社会から、国民がきちんとした生活をして酔っ払いもいない近代的な工業国に変貌させる中で、清らかな白い牛乳は理想の飲み物として提示されたのだ。栄養価が高い上に、全国各地で生産できる。おまけに他のたんぱく質豊富な製品に比べて安価でもあった。そこで牛乳と国民の健康が結びついた。戦間期には業界いわく「乳製品の消費は国民の義務」にまでなった。〝より健康な世代を目標に……全員A級国民になろう！　牛乳、バター、チーズがA級国民を創る〟。一九三七年に全国スウェーデン乳業協会はこう訴えた。別の広告では〝A級国民だけが完全な労働力として認められる〟ともあった。

乳製品業界は組織力が強かった。中でも協同組合は全国スウェーデン乳業協会を通して政界にも多大な影響力をもっていたため、乳業効率化の費用を賄う手段として民間を含む生産者すべてに特別牛乳税を課すことを実現した。他の業界ではまずなしえないことだが、各党とも一致して乳製品には前向きな姿勢だった。ありがたいことに牛乳は政治家にとって穴を埋めてくれるパテとなったのだ。一九三三年には農民組合〔現在の中央党〕と社会民主党が「牛の交易」として歴史に名を残す長期の政治協定を締結した。以来、「牛の交易」とは双方がお互いに何を与え何を得るのかをわかった上で結ぶ合意を意味する。

その背景にはアメリカとヨーロッパでの深刻な経済不況と農業危機が重なっていた。失業率が高く、農民は経済的に行き詰まっていた。ドイツは経済不況に加えて、第一次世界大戦での多額の賠償を抱えており、それに伴う絶望感がナチズムの推進力となった。スウェーデンでは農民組合と協定を結んだことで社会民主党がそれまでの伝統的な左寄りの主張の多くを放棄し、経済政策の一環として農業保護主義を受け入れた。この歩み寄りにより社会民主党は失業対策として多額の補助金を取りつけ、農民組合のほうはすでに始まっていた農業規制をさらに拡大させることができた。合意には他にもバター価格の値上げ、豚肉および肉製品の引当金支援、輸入濃厚飼料〔高タンパクな人工飼料〕への課税、穀物価格の若干の値上げ、オート麦の製粉規定〔パン用穀物の製粉にはスウェーデン産を規定の割合使用すること、国による最低価格の設定など〕、卵市場への規制導入が含まれていた。さらにはマーガリン物品税も導入された。これはマーガリンに課せられた特別物品税で、社会民主党がつい前年に馬鹿馬鹿しいとして却下していたものだった。バターとの比較をほのめかすようなマーガリンの広告も禁止された。これにより〈トリエ・エス〉というマーガリンブランドはキャッチコピーの変更を余儀なくされ、〝バターのような味〟が〝勝利の味〟になった。

当時穏健派だった思想誌スヴェンスク・ティーズスクリフトが一九三九年に掲載した記事「農業の将来的な問題」でもマーガリンとバターの矛盾に多くの文字数が割かれている。匿名の著者によればそれがまさに「現在最も炎上している問題」だった。複数の規制をかけたにもかかわらずマーガリンは市場を勝ち取った。マーガリン物品税からの収入は輸出時にバターに付される関税額と同程度で、結局イギリスとドイツの客が得をしただけになった。

リノベーションされたバター

〝バターの輸出がマーガリン物品税を帳消しにするなら、我々自身に問いかけなくてはならない。スウェーデンのバター市場の余剰利益が外国人の得になり、そのために国内の消費者のマーガリン価格を上げることが果たして賢明なのか？〟。それならばマーガリンの生産を減らし、その分バターを国内に留めておくほうがいいのでは――行政、豊かな人々そして農民がバターを買い続けるならばの話だが。穏健派ですら、その当時は市場に対処させるのは無理だということに同意していた。〝マーガリン問題の解決策がどのようなものになるにしろ、国家経済の厳格な法に基づくよりも、農業に従事する人々への配慮において社会的に何が必須であるかに基づくべきだ〟。

第二次世界大戦下ではより厳密な管理が行われるようになり、食料の配給制も導入された。マーガリンの生産は何度も止められ、マーガリン物品税も引き上げられた。一九四〇年十二月二十日には国民一人につき週に二百五十グラムの料理用脂肪の短期配給が導入され、配給が完全に廃止されたのは一九四九年になってからだった。

大手の乳製品協会は共同で〈スヴェンスクト・スメール〉や〈ブレゴット〉といったバターブランドを擁するスヴェンスク・スメール〔スウェーデンバター〕株式会社の経営を続けていたが、一九九七年になってスウェーデン競争庁により反競争的であるとして協業を停止するよう命じられた。その数年前にはEU加盟に伴い農業の規制緩和が行われた。結果、これまでにない数の商品がスウェーデンの国境を越えて出ていった。

マーガリンに関しては「脂工場はこんなに汚い」など、メディアに何度も煽るような見出しが躍ったが、マーガリンがどんな製品の代替品になったのかも知っておこう。バターの替わりとしてはもちろん、バターの恐怖の鏡とも言える「再生バター」の代わりにもなったのだ。再生バターというのは腐ったバターや汚れてしまったバター、あるいはその両方からつくられる。その製造過程はこうだ。悪くなったバターを加熱し、濾過して消臭する――要は蒸気圧をかけて加熱することで異臭を取り除く。それから水、新鮮な牛乳またはクリームを加えて新たに攪拌する。第一次世界大戦中にはこの再生バターがアメリカ兵の食料にも含まれていた。

ノルウェーのバター危機

ノルウェーのトロンヘイムフィヨルドの奥にあるベイトスタッド村は、十二月にもなると一日数時間しか日が昇らない。二〇一一年の十二月十八日、スウェーデンナンバーの白いバンが闇に紛れて食料品マーケットの前に停車した。しかしそれでも人目を引いたようだ。

後部ドアが開いたままの車が停まっていると警察に通報が入った。現場に駆けつけた警察はスウェーデン人男性二人を現行犯で逮捕した――バターを高値で販売した罪で。男たちは地元スウェーデン北部のウメオで車のトランクいっぱいにバターの箱を詰め、大金を稼ごうと七時間かけて車を走らせてきた。スウェーデンでは一箱三十クローネのバターを二十倍の値段、六百クローネ〔約九千円〕で売ったのだ。その場で行われた簡単な尋問によれば「五万クローネくらい稼ぐつもりだった」という。しかし逆に罰金を払うことになり、バターは悪くなってしまった。

ノルウェーのバター危機は二〇一一年晩秋の大ニュースだった。世界有数の豊かな国がバターのように基本的な食品の不足に苦しんでいるというニュースは国際的に注目を集めた。なおこの二〇一一年は北欧全体でバター不作の年だったと言える。スウェーデンの食料品店でも「原材料不足のため一時的に在庫切れ」という貼り紙がされた。悪天候と生産量の減少がバター好きの消費者にとってマイナスに作用したのだ。その背景には消費パターンの変化もあった。二〇〇〇年代に入って低炭水化物・高脂肪（ＬＣＨＦ）ダイエットが定着し、脂肪の需要の伸びが乳製品売り場にも見てとれた。全脂肪のクレームフレッシュ、ホイップクリーム、〈ブレゴット〉などが、脂肪分の多いタイプのギリシャヨーグルトやトルコヨーグルトと並んでよく売れるようになったのだ。乳製品メーカーとしてはバターよりも利益率の高い液状の脂肪製品を優先して生産していたため、数年間はクリーム不足となり需要に応えられる量のバターを生産できなかった。

アドベント〔待降節。クリスマス前の約四週間〕に入り、クリスマスのパンやお菓子づくり、さらには全般的な料理への熱意が高まると、ノルウェーの横流し市場は活況を呈した。ある十八歳のノルウェー人は個包装された一回分のバターを六十ノルウェークローネ（一キロあたり五千クローネ〔約七万円〕に相当）で売りつけることができた。ノルウェーでバター危機がここまで深刻になったのは、同国が国内の食料生産を促進する目的で輸入を制限しているためでもある。ほとんど何もかもに輸入関税がかかっているのだ。スウェーデンでも一九八〇年代に農業および食品市場で規制緩和がされる前は同じような状況だった。各商品に輸入量を割り当て、それでうまくいかせようとしていた。

当時のノルウェー首相、労働党のイェンス・ストルテンベルグ〔その後二〇二四年までNATO事務総長を務めた〕がクリスマスイブの数日前に記者会見を行った際、記者から出る質問はバターのことばかりだった。バター不足がこれほど注目を浴びたのは——ストルテンベルグは苦々しい表情で答えた——おそらくノルウェーがヨーロッパの大部分のように、たとえば失業率といった問題を抱えていないからだろう。しかし起きたことは「システムエラーだ」と認めもした。

第四章　だから脂は味わい深い

味蕾《みらい》――なかなかに写実的な呼称で、それ自体を味わうことができそうなイメージだ。ならば肉と植物の間のような味だろうかと想像が膨らむ。しかし味蕾とは舌、口蓋そして咽頭にある二十～百個の細長い味細胞《みさいぼう》と、支持細胞および基底細胞の集合体に当たり、見た目からその名がついた。味細胞は味蕾の基部――そこで神経線維の末端枝に接続されているのだが――から味蕾の上部まで伸びていて、その先の味孔《みこう》から小さな毛、微絨毛《びじゅうもう》が突き出ている。成人には多い人で一万個近くの味蕾があるが、実は子供のほうが数が多く、苦味や酸味に敏感だ。

味は香りとは違う。香りは捉えにくく多面的だが、味蕾からのメッセージは即座に脳に伝わる。口に入れてはいけないものが入ってきたらすぐに吐き出さなければいけないからだ。しかし自分たちの味覚の機能を正確に理解するようになったのは近代になってからだ。それでも味は昔から人を魅了してきた。食べることは文字どおり、世界を自分のものにすること――それも一口一口。そこで起きる反応は自己を理解する鍵にもなる。なぜ好きな味や嫌いな味があるのだろうか。

古代ギリシアの思想家にとって味覚は最もステータスが低く、粗雑な感覚だった。視覚や聴覚は神々や愛する人を表現したり、英雄的行為を伝えたりすることができるが、それに比べて味の役割といえば食べられる物と食べられない物を判別することくらいだ。それに食欲が常に崇高な体験を妨げてくる。

とはいえ基本味の概念を最初に考えだしたのもギリシア人だった。紀元前五世紀に活躍した科学哲学者アルクマイオンは舌、目、鼻、耳にそれぞれの「ポロイ」、脳へのケーブルのようなものがあるという理論を打ち立てた。ポロイを通じて感覚刺激が運ばれる――はしけがアンフォラ〔素焼きの容器〕に入ったワインを運ぶがごとく。これは神経系の描写としてはかなり正確だったと言えよう。哲学者たちは味にどんな種類があるのかにも関心を寄せた。プラトンが甘味、塩味、酸味、苦味、渋味、辛味の六種類を特定し、アリストテレスはそこに「厳しさ」を加え、各味を図表化して甘味と苦味を対極に据えた。二人の下で学んだテオプラストスはさらに「脂っぽい」をつけ加えた。このテオプラストスの基本八味はその後二千年にわたって西洋科学で広く受け入れられてきた。

その後再び味覚のメカニズムに関心が集まり、フランスの農学者ポリュカルプ・ポンスレが甘味、塩味、酸味、苦味、コショウのような味、渋味、無味の七つの味を調和の取れた音階のように構築した。スウェーデン人の植物学者カール・フォン・リンネは好き嫌いに苦労してきた何世代もの子供たちの味方につき、基本的な味覚に「まずい」を追加した。また「脂っぽい」も含め、甘い、塩辛い、酸っぱい、苦い、鋭い、渋い、味がしない、水っぽい、べとべとする、とまとめた。

一八六四年にはドイツの医師アドルフ・フィックがもう少しシンプルなセットを発表した。基本味は四つあれば充分。それが甘味、塩味、苦味、酸味だ。その数年後に味蕾が発見された。顕微鏡で覗くと食べ物のかけらが収まる鍵穴のように見える。異なる四つの形の鍵穴があり、それぞれにフィックが定めた基本味が一つずつ合うということになった。

脂肪は六番目の基本味か

基本味として認定されるためには、舌にその味を識別する専用の受容体が存在しなければならない。またその味は明確に区別でき、他の基本味が組み合わさったものであってもいけない。しかしこの考えかたは単純すぎると批判を受けることになった。グレープフルーツの苦味はコーヒーや芽キャベツの苦味とは異なるし——とジェニファー・マクラガンも苦味のニュアンスに関する本『苦味』の中で書いている。フランスの味覚研究者アニック・フォリオンは〝味覚に関しては少なくとも十種類の変数を考慮しなければならない〟としている。

五番目の基本味は一九〇八年に東京帝国大学の池田菊苗《きくなえ》によって発見された。そのきっかけは池田教授が乾燥させた昆布と鰹節（燻製して発酵乾燥させた鰹の削り節）から取った濃厚な出汁を飲んだことだとされている。そこにもっと昆布を入れると味が強くなった。その後研究室でグルタミン酸ナトリウムがうま味の源であることを突き止めた。

二十一世紀には数多くの味が六番目の基本味の座を巡って競い合った。たとえば血や鉄分の多い水のような金属味には際立った個性がある。しかし問題はその個性が料理の美味しさとしてはカウントされないことだ。二〇一六年にアメリカの研究者が、人間は甘味成分である複合炭水化物を除去してあってもでんぷんを識別できることを突き止めた。他には、味が明確というよりも身体に刺激を感じる味、たとえばワインの渋味やチリの辛さなども議論に上がった。中国の四川料理においては麻辣《マーラー》油の痺れるような辛さが欠かせないが、これは四川山椒（小さな柑橘類で、それを乾燥させたもの。くすぐったい痺れるような感覚を与える）と辛い唐辛子を組み合わせることで達成される。他には身体を冷やす効果のある食品もある。ペパーミントにはメントールが含まれていて、それが身体の体温センサーの一つ（ＴＲＰＭ８と呼ばれるイオン受容体）に作用して冷たさを感じさせる。ココナッツオイルなどの融点の高い脂肪にも冷却効果がある。口の中でイースショコラード〔アイスチョコの意で、チョコレートとココナッツオイルを混ぜて固めたスウェーデンのお菓子〕が溶けると、身体の熱が多く消費されるために冷たく感じるのだ。フォアグラも同じだ。そして六つ目の基本味としてよく名前が挙がるのが脂肪だ。特に、舌に脂肪を感じるための味覚受容体があることが研究で示されてからは。

確立された基本味はどれも栄養のシグナルとしても重要だ。甘さは炭水化物を意味するし、酸っぱいものは酸、塩味はミネラル、苦味は毒だ。ということは進化の見地からしても栄養価の高い脂肪を認識できることには大きな意味があるはず。基本的に人間はエネルギー密度の高い、脂肪含有量の多い食べ物に惹かれるものだ。子供は大人ほど脂肪に夢中にはならないが、脂肪分の多い食品にはネオフォビア、つまり食べたことのない食べ物を味わうことへの恐怖が最も少ないということが何度も実験で証明されている。

バターの味

バターではないのにバターのような味がする食材がいくつもある。その正体はジアセチルとアセトインだ。バターの中ではどちらもケトンという独自の構造をもつ化合物で、重要な風味成分でもある。純粋なジアセチルは黄緑色の液体で、アセトインは無色の場合もあれば薄い黄緑色のこともある。アセトインはバター、ヨーグルト、ブラックカラント、ブラックベリー、リンゴ、カンタロープ、ブロッコリー、芽キャベツ、アスパラガスに含まれる。ジアセチルはバター、クリーム、ビール、ワイン——特にシャルドネ——およびコニャックやウイスキーなどの蒸留酒にも天然に存在する。

合成のアセトインとジアセチルは植物油やマーガリンの風味づけに使用されている。

嘔吐を誘発する遊離脂肪酸

体内で脂肪がどのような役割を果たすのか、その研究の多くが今ではたんぱく質の一種CD36（細胞が脂肪を吸収するのを助ける受容体たんぱく質）を中心に展開されている。二〇一六年にスペインの研究者らがCD36をブロックすることでがん細胞を脂肪から切り離し、がんの広がりを防げることを突き止めた。ヒトのがん細胞を移植されたマウスで行われた実験だ。他の研究ではＣＤ36が心血管疾患、グルテン不耐症、糖尿病、アルツハイマー病にも関わっていることが示された。

このＣＤ36は脂肪を味わうという体験にも関与しているという。セントルイス・ワシントン大学医学部では二〇〇五年の実験で参加者に同じ食感の液体を三種類味わってもらったが、そのうちの一つだけに少量の油を含ませた。感覚の中でも特に鋭い視覚を抑えるために、カップはどれも赤いランプの下に置かれた。嗅覚は鼻をクリップでつまむことで遮断した。油という言葉は一度も発されず、参加者はどの液体が他の二つの液体と異なるかを答えるというものだった。それによって油に反応する最低量を特定しようとしたのだ。するとＣＤ36の生成量が多い人は脂肪の味をより敏感に感じることがわかった。

他の実験では、脂肪を多く食べるほどその経験に対して繊細ではなくなることがわかった。塩辛い味や甘い味に慣れるのと同じことだ。

私たちが口にする脂肪の多くはトリグリセリド、つまり三つの脂肪酸と化学物質グリセロールが結合したものだ。体内では遊離脂肪酸〔グリセリンとエステル結合しておらず、体内でエネルギー源として利用される脂肪酸〕とトリグリセリドの間で継続的に変換が行われている。ある実験では、動物のＣＤ36生成が遊離脂肪酸によってのみ活性化されることがわかった。さらに人間の場合はより複雑なトリグリセリドの形であっても、脂肪の存在をそれが分解される前に識別することができる。なぜかというと唾液にトリグリセリドを分解する酵素が含まれ、口の中でもう遊離脂肪酸を発生させるからだ。つまり人間は脂肪を含む食べ物を認識するのにとりわけ優れているようだ。

遊離脂肪酸は不味《まず》い。アメリカの味覚研究者リチャード・マッテスはラテン語の「脂肪の味」にちなんで「オレオガスタス」（脂肪味）」という用語をつくり、人間がどれほど少ない含有量の遊離脂肪酸を識別できるのかを研究した。純粋なオレオガスタスは普通なら嘔吐反射を引き起こすとマッテスは説明している。しかし低濃度ならば遊離脂肪酸にも役割がある。たとえば熟成チーズではオレオガスタスが重要な味だ。苦さも少量ならコーヒー、紅茶、チョコレートなどの個性に貢献するのと同じことだ。

神の足の香り

嫌悪感や不快感に関心を持ったのはリンネだけでなく、チャールズ・ダーウィンもだった。著書『人及び動物の表情について』の中で、感情も他の特徴と同じように時間とともに発達し、適応するという理論を展開している。ただし嫌悪感などの基本的な反応のいくつかは一定である、それは種としての生存に重要であるからだという。

二〇一七年にイグノーベル医学賞を受賞したフランスの研究チームが、チーズを臭いと思った時に脳内で何が起きているかを突き止めた。イグノーベル賞は「人を笑わせ、そして考えさせる」研究に授与される賞だ。研究者たちはダーウィンの理論のように嫌悪感が鍵だと考えた。生きるために不可欠だからこそ、何かに嫌悪感を抱いた時に脳で何が起きているのかを知りたいものだ。研究では第一段階としてフランス人三百三十二人にいちばん嫌いな食べ物は何かと尋ねた。

すると意外にも、回答の中で六％といちばん多かったのがチーズだった。強烈なチーズの匂いを「臭い」ではなく「神の足の香り」と表現する国なのに。〝熟成したカマンベールやヤギのチーズを前にして誰もニュートラルではいられない。大好きか大嫌いかのどちらかだ〟と研究チームは書いている。

研究の第二段階ではチーズが大嫌いな十五人と嫌いではない十五人に六種類のチーズ、さらに比較対象として六種類の食品の写真を見せて匂いも嗅がせ、その間に脳をレントゲン撮影した。参加者は今自分が見て嗅いだ食べ物を好きかどうか、そして食べたいかどうかを言葉にするようにも指示された。それでわかったのは腹側淡蒼球《たんそうきゅう》――通常空腹になると活性化される前脳の小さな部分――はチーズ嫌いの人がチーズを見てもまったく変化がないことだった。しかし他の食物を見たり嗅いだりすると活性化された。

さらに驚くべきことに、チーズ嫌いの人がチーズを見たり嗅いだりすると、脳の報酬系に関わる二つの領域、淡蒼球と黒質が強く活性化された。通常は快楽に関連する領域だが、それが嫌悪感にも大きく関わっていることが判明したのだ。研究者らによるとこれらの領域には二種類のニューロンが存在し、一つは食べ物に肯定的に反応した場合、もう一つは否定的な反応をした場合に関与するという。

脂肪はチーズの味にも大きく作用する。脂肪がどれほど大事かは低脂肪のチーズを食べればはっきり感じるだろう。化学的に言うとチーズというのは乳脂肪と水を乳化させたもので、たんぱく質が網のようにつながっている。そうするためには自然にあるいはレンネット（凝乳酵素）を加えて牛乳を酸性化させ、乳たんぱくであるカゼインに網を形成させることで、乳脂肪と水の一部がチーズに引き寄せられていく。この段階でホエーという透明な液体も出る。全脂肪チーズは脂肪濃度がカゼインよりも高いが、低脂肪乳でつくられた低脂肪チーズは逆で、それが味も食感も大きく異なる理由だ。低脂肪チーズのほうが味が薄く、刺激も少ない。乾いていて固くて、ゴムのような食感になるのは脂肪分が少ないせいで空気を含んだ構造にならないからだ。カゼインはそれでもそこに存在する脂肪に作用し、網が密になるので固いチーズができあがる。そんなチーズを柔らかくするためには水が使われる。水には優れた特徴がいくつもあるが、クリーミーさや風味を引き出すためには役に立たない。

蠢《うごめ》くチーズ

味わうという体験はどんな味物質が入っているかだけでなく、それが放出されるスピードにも左右される。全脂肪チーズは味物質が均一に分布しているので、放出されやすく、経験としても心地良いものになる。現代の製造工程では牛乳を均質化（ホモジナイズ）することで脂肪が凝集して表面に浮いてこないようにしている。それにはいくつかの方法があるが、基本的な原理としては脂肪を圧力や振動によって細かく分散し、チーズ全体が同じ状態で同じ味になるようにする。牛乳やフィール〔スウェーデンの朝食によく食べられる発酵乳製品〕のパッケージを振るだけでも均質化は起きるが、それだけだと朝食が終わる頃には元に戻ってしまう。

選択肢があまりなかった時代、全脂肪チーズは贅沢品だった。日常では高価な牛乳をそのまま飲みはせず、すくい取ったクリームでバターをつくり、無脂肪乳がチーズになった。北方民族博物館のアーカイブには大手乳業会社が市場を独占する以前の証言が集められていて、今の私たちがチーズと呼ぶものの概念を大きく広げてくれる。

中世以降よく食べられていたのがシェールウストというチーズだった。スウェーデン語のシェールはかつてクワルク〔スウェーデンやドイツ語圏のフレッシュチーズ〕を指した言葉で、牛乳を酸性化して凝固させたものだ。そのほろほろの塊をぎゅっと固めて熟成させたのがガンメルウスト〔古いチーズの意〕、または十六世紀にオラウス・マグヌスが的確に「腐ったチーズ」と呼んだチーズだ。一八六一年生まれのダーラナ地方の女性のこんな証言が残っている。

〝ガンメルウストは牛乳からつくられ、長いこと保存して、腐敗したように熟成させるチーズのこと。ガンメルウストにするチーズはまずよく乾燥させ、それから木箱やバットに入れて地下に置いておく。半年くらいでできあがるが、その頃には見た目も恐ろしいことになっている。チーズ全体が蠢いていることもあるほど。無数の幼虫（カツオブシムシ）がチーズに棲みつくからだ。そんなチーズを食べるのは一部の人間だけ。ガンメルウストをこよなく愛した老人が言ったのが「ともかく骨はないから食べやすいね」。上質なガンメルウストをつくるには原料となる牛乳の上澄みをすくいすぎないこと。脂肪が残っているほどチーズが固くなる。実際、古い無脂肪牛乳でつくられたチーズは脆くなる。ガンメルウストが問題なのは匂いが良くないことで、おそらくそれが「ガンメルウストは肥溜めに長いこと保管されていた」と言われるゆえんなのだろうが、それは本当ではない〟。

ハードチーズも一般的だった。仔牛の胃から抽出されるレンネットを加えて牛乳を凝固させると、崩れない弾力のある塊になる。酸っぱくもならず新鮮な味を保ったまま熟成させることができる。凝固時に出るホエーでミエスウストというブラウンチーズをつくることも少なくなかった。できるだけ水分を絞り、しっかり乾燥させるのがコツだという。一八六〇年代にボーヒュース県に生まれた男性はこのように語っている。〝しっかり乾燥させると石のように固くなり、おろし金ですりおろさないと食べられない。夏に野良仕事をする時、パンにふりかけて朝食にした。このチーズを食べるのはとても健康に良いとされていた〟。

風味を増強させる脂肪

一九〇八年に池田菊苗が満足感を与える「うま味」の正体はグルタミン酸ナトリウムだと突き止めたのは世紀の大発見に他ならない。この風味増強剤を製造するために〈味の素〉を設立し、現在では三十四カ国に三万人の従業員を抱える企業になった。〈味の素〉は味の開発研究の第一人者でもある。一九八〇年代には「コク味」という概念も使われるようになった。うま味はたんぱく質の味と言われるが、コク味はそれと対照的な脂肪の味で、吐き気を催すようなオレオガスタスとも別物だ。コク味は美味しい脂肪なのだ。

味という意味ではうま味とコク味は重なる部分がある。どちらも魚介、酵母エキス、熟成チーズ、ニンニクといった原材料から得られて豊かな味わいをもつが、化学的なプロセスが異なる。うま味には幅広い食品に自然に含まれるアミノ酸のグルタミン酸が存在し、コク味には舌のカルシウム受容体を起動するγグルタミルペプチドが関係している。受容体が起動すると他の味も強化されるので豊かな味わいを感じられるのだ。

おまけに「マウスコーティング」も高まる。マウスコーティングというのは食品業界にとっても非常に興味深い現象で、完璧なものを食べているという感覚を与えてくれる。名前のごとく、口の中を味で覆って満たすイメージだ。低脂肪の食品は基本的にこのマウスコーティングが弱い。たとえばミルクチョコレートは一かけらでも口の中に風味が広がるが、薄い低脂肪ヨーグルトはすぐに流れて消えてしまう。アメリカの食品科学ライターで作家のハロルド・マギーがある報告書で、〈味の素〉の最も効果的なコク味物質であるアミノ酸のグルタミン、バリン、グリシンを徐々に強めた五種類の料理を試食した時のことをこのように描写している。〝味が強化され、バランスも良くなっていった。まるで音量が上がり、イコライザーもオンにしたかのようだ。なぜか味が口の中に長くとどまる。触れられているような感覚で、しかも長いこと残る〟。

まさにこの触れられているような感覚こそが、脂肪という文脈においてコク味の存在意義を高めてくれる。もっと脂肪の味を強めるという意味ではなく、コク味を使うことで食品に含まれる脂肪を減らせるからだ。今は脂肪を減らすために糖質が増粘剤や安定剤として添加されているが、コク味が「実際よりも食べている」感覚を与えてくれる、つまり脳を騙せる可能性が芽生えたのだ。

味のシグナルが処理されるのは脳の頭頂葉にある味覚野だが、そこは口の中で食感を認知する時にも関与している。また神経細胞には脂肪の味に反応するものだけでなく、口に入れたものの粘度を解読する細胞もあり、油脂全般に反応することがわかっている。それが料理の範疇から遠く離れた油であってもだ。つまり化学物質レベルではなく質感を識別しているということになる。

肉の場合には脂肪の分布が味や食感を大きく左右する。日本の和牛はその細かな霜降りで世界的に有名だ。和牛は産地名をつけて販売されるが、中でも有名なのが神戸で、柔らかく風味豊かで高価な肉の代名詞になっている。和牛といっても多数の種が存在するが、いずれも日本で四つ肢の動物を食べることが禁じられていた時代に役畜《えきちく》として飼育されていた種だ。食肉用の動物というのはできるだけたくさん肉を得られる方向に繁殖させていくものだが、日本の牛は働くために飼われていた。筋肉がついていて強靭で、持久力があるのは筋肉にエネルギーを供給する筋肉内脂肪がある、つまり霜降りのおかげなのだ。霜降りが多いほど耐久性が高くなり、肉も柔らかくなる。十九世紀の終わりに四つ肢の動物を食べてもよくなると、神戸ビーフは世界的な名声を得るようになった。牛たちは運動不足の生活で肉が固くならないように日本酒やビールを与えられ、マッサージをしてもらうという噂も広まり、半ば伝説化している。

脂肪は他の味も強化してくれる。分子の中でも強い香りを発するものは水には溶けにくいが脂肪には非常に溶けやすいからだ。

料理の味を救うために、脂の少ない肉には脂肪が添加されている。ジビエなどの赤肉の場合、薄い脂肪片に太い針を刺してラードを注入しておく。すると調理中に脂肪が溶けだし、柔らかく風味豊かな肉料理に仕上がるのだ。脂の少ない肉を脂の多い肉で包むレシピもある。たとえば鶏の胸肉を生ハムで巻いた料理は一九九〇年代に人気を博した。腹膜はスウェーデンでは入手しづらいが、ヨーロッパの多くの家庭でミンチ肉やソーセージを腹膜に包んでいる。イギリスのファゴット、フランスのクレピネット、イタリアのフェガテッリなどがそれに当たり、英語では写実的な「ファットネット（脂肪の網）」という名で呼ばれる。レースのような薄い脂肪の層が調理中に溶けて表面が黄金色に焼ける仕組みだ。

フランス風のソースの多くはエマルジョン、つまり普段なら結婚《マリアージュ》することのない二種類の液体を混ぜてつくられる。分離したマヨネーズ、ベアルネーズソース〔バターや卵黄がベースで、エストラゴンの効いたステーキソース〕あるいはオランデーズソースは失敗作だが、あえて分離させる料理文化もある。成分が見た目にも分離しているのはむしろ品質の証で、四川麻辣火鍋のスープはラー油や溶けた牛脂が厚い層になっている。タイカレーやマレーシアのラクサもココナッツクリームの固体成分が分離する温度まで加熱され、厚い油の層で覆われている。その透明な油の層は均質化したココナッツクリームよりも色や味、香りを効果的に吸収してくれる。

分布は細かく、室温で

味わいは脂肪粒子の分布具合によっても決まる。たとえばマヨネーズが美味しいのは油が小さな小さな液滴に分解されているから。それによって香り成分の表面積が大きくなり、口の中で素早く放出される。他には温度も影響する。室温に戻したスモークサーモンは冷蔵庫から出したばかりよりも香り分子の濃度が十倍も高い。透かして新聞の文字が読めるくらい薄くスライスすればさらに美味しさがアップするのも、フレーバー分子が口の中ですぐに放出されるためだ。スライスが厚いと数倍時間がかかってしまう。チーズ、バター、生ハムやサラミなども同様で、薄くスライスするか、事前に冷蔵庫から出しておくこと。肉を焼く時も室温に戻すことでこの効果を得られる。

第五章　豚肉、ナショナリズム、アイデンティティ

螺鈿《らでん》白色のソファ。それが「ラードのように」白く輝いている——とはまず言わないだろう。しかし私は今ウクライナのリヴィウにあるサロ美術館に来ている。実際には美術館の顔をしたバーなのだが、そこに飾られる作品はどれもこの国で愛される脂肪「サロ」、つまり塩漬けの豚の脂肪に捧げられている。ここでは何もかも脂肪がテーマで、ステージでは男性デュオがポリスのヒット曲を「アイム・リトル・エミネム、アイ・アム・エミネム・イン・サロ……」という独自のバージョンで歌い終えたところだ。私が相席になった二十代の若者たちはビールに合う豚肉の盛り合わせを頼んでいた。しかしサロの塊だけは手つかずのままだ。

「サロは好きだけどね」とオレスヤ・ヴォズナが請け合う。「そんなにしょっちゅうは食べないけれど。母が典型的なウクライナ料理を作る時くらいかな。ボルシチ（ビーツのスープ）とかね。そんな時には必ずサロと玉ねぎ、ニンニクがついてくる」

ジュリア・ソリャニクはキッチンにサロを常備していると言う。たくさんあるほうがいい。た

とえばジャガイモなんかにも添えられるし。

「ウクライナ人がサロを食べなくなることは永遠にない」とオレナ・ピクロポクは言う。

なぜ?

「ウクライナ人だから」

私がリヴィウを訪れたのは二〇一三年の春先だった。

当時ウクライナでは政治的な緊張が高まっていた。そしてサロのことになると何度もウクライナ人としてのアイデンティティに話が及んだ。ウクライナは西と東、つまりヨーロッパとロシアの境にある。第一次世界大戦前までここリヴィウのあるウクライナ西部はハプスブルク帝国の一部で、首都はウィーンだった。二〇一三年十一月に東西の攻防が頂点に達し、EUはウクライナに連合協定を提案、一方のロシアはすでにベラルーシとカザフスタンが加盟していた新しい関税同盟のメンバーにと望んだ。当時のヴィクトル・ヤヌコビッチ大統領がロシアを選んだことで大規模な抗議活動が勃発する。首都キーウのマイダン広場では数十万人がデモを繰り広げ、それが暴力によって鎮圧され、議会はヤヌコビッチ解任を決議して西寄りの新しい指導部が後を継いだ。ロシアはこの一件を「クーデター」と呼び、軍事力を行使してクリミア半島を併合することで反発を示した。それから二〇一六年十二月に停戦宣言が出されるまで、ウクライナの東部と南東部ではウクライナ軍と親ロシア派分離主義勢力の間で激しい戦闘が続くことになった。

こういったことはどれも、私がリヴィウのサロバーを訪れた時点ではまだ先のことだった。それでも街にはすでに不穏な空気が漂っていた。

先ほどのオレスヤ・ヴォズナは観光ガイドのアルバイトをしている。リヴィウはウクライナ第二の都市で、ここにやってくる外国人観光客の目当てはパステルカラーの壮麗なファサードの建築物、教会や広場だ。そしてチョコレート、コーヒー、ビールなんかにも興味がある。リヴィウにはウィーンを彷彿とさせるカフェ文化が存在するのだ。実際にリヴィウに来てみると、この街がいかにサロを愛しているかに驚かされた。

ここではサロがスウェーデンならミートボールを出しそうなあらゆる場所で供され、ヴァレーニキ（小さな餃子）やボルシチと並んでウクライナ家庭料理における重要な位置を占めている。サロは豚の背中からとれる固い脂肪を乾燥塩漬けにするか、塩水に浸してつくられる。豚の胃の柔らかい脂肪からつくることもでき、昔から長く厳しい冬にも安く手に入る食べ物だった。

ウクライナは食料生産に有利な条件を備えた国だ。特に南部はヨーロッパで最も肥沃な地だとされている。それでもこの国の近代史は飢餓と苦難の連続だった。二度の大戦に加えて一九三二年から一九三三年にかけてホロドモール（ウクライナ語の飢餓「ホロド」＋疫病「モール」）と呼ばれる大飢饉に襲われた。スターリン政権により農業集団化が行われた結果、三百万から一千万人のウクライナ人（情報源によって数字が異なる）が餓死したと推定される。ソ連の穀倉地帯として知られたウクライナは地元の住民が餓死する間にも共和国連邦内の他地域に食料を輸出させられていた。二十一世紀になって、ウクライナ議会はホロドモールがソ連によるウクライナ国民の大量虐殺だったと認定する決議案を採択した。それに対してロシアはソ連指導部の誤算だったとし、悲劇という位置づけにした。しかし二〇〇八年には欧州議会もホロドモールが人道に対する罪であったことを認めている。

旧ソ連の国として新しい国家アイデンティティを構築していかなければならない中で、食生活や食品も重要な役割を果たした。リヴィウの屋内市場では年配の女性たちが野菜、パン、ベリー、卵、チーズ、そしてレンガほどの大きさの白く輝くサロを販売している。レストランではそれでパンに塗るスプレッドをつくったり、パプリカやニンニクで味つけしたスライスを供したりする。

サロの彫刻

サロ美術館では昔のウクライナの貧しい食べ物というイメージを逆手にとっている。〝サロはただの脂肪ではない。洗練された芸術的な味で、そこには皮肉と配慮が宿る〟。この美術館はバーだが、サロ作品の常設展示もある。冷蔵庫の中でどくどくと脈打つのは世界最大の（そしておそらく唯一の）サロの心臓だ。少しでも暑くなると室温で溶けてしまうという実に詩的な作品だ。サロで彫ったエイリアンあり、近代芸術に大きな影響を与えたドイツ人芸術家ヨーゼフ・ボイスの「脂肪の椅子」のレプリカあり。「信じられないでしょうが、脂肪の椅子のオリジナルには百万ドルの価値があります」音声ガイドがそう告げる。ボイス本人が語ったところによると、ドイツ空軍のパイロットだった一九四四年にクリミアでの任務中に撃墜され、遊牧民タタール人に助けられた。その時に動物の脂肪とフェルトで身体をくるまれたのだという。その後脂肪とフェルト素材の作品を多く制作している。

私はマーケティング責任者のデニス・ライノフを待っていた。遅れて姿を現した彼は、レストランで「スシサロ」に興味を示した日本大使館の文化担当官に呼び止められたのだと詫びた。スシサロとはシャリをサロのスライスで贅沢に包んだものだ。他にも奇妙なメニューがいくつもあって、ゴッホの耳たぶやマリリン・モンローの唇を象ったサロなど――まるで食べられる彫刻公園だ。

「だけど絶対に忘れちゃいけないメニューがこれです。だってこれがいちばん強烈でしょう。ダビデ像のペニスですよ。特に女性向け。ヴァレーニキと一緒に出します」ライノフがメニューを広げたまま言った。

オーマイガッド――食べたらどんな感じがするんでしょうか。

「処女を喪失するような感じですね。こんなのを食べるなんて無理だと思うでしょう？　十分間はただ様子を見るだけ。そして友達にお先にどうぞと言う。いいえ、あなたこそ。そしてやっとカットする。そうするともう後戻りはできない」

サロを食べればウクライナの真の味に触れられる？

「ええ、確実にね。サロはトレンドじゃない。パスタとかスシとか、シーザーサラダとは違う。分子ガストロノミーやパンナコッタ、あるいはウイスキーなんかもトレンドがあるが……だけどサロは流行りじゃないんです」

じゃあこのバーでもサロを最先端の流行にするのは無理？

「ええ、でもこれが人目につくための方法なんです。レストランに〝ウクライナ郷土料理〟という看板を掲げても客は一度だけ来て、すぐに忘れてしまう。ここは特別な場所。サロの秤を置いていて、お客の体重を量ったりもする。美味しい料理と快適なサービスを目指しているんです」

計量され、色々なものを象ったサロを供される——レストランの心地良さをそう要約することもできるとは。

午後の早い時間で、カプチーノを飲む女性二人以外に客は私だけになった。私がペプシを頼むとウエイターは不思議そうな顔をした。

「ウォッカを飲まなくちゃいけない？」私は念のため訊いた。

「まあ、なしでも食べられますけど」

ウエイターは正しい。口の中を洗い流すためにウォッカ以上に強い酒はない。ビールやワインなど、アルコール度数四十％以下だとサロが残した油膜の上を流れてしまうだけ。これはまさに極限レベルのマウスコーティングなのだ。

じゃあどれを注文しようか。ゴッホの血だらけの耳？　マリリン・モンローの唇？　でもここに来るのはきっと最初で最後、だから選択の余地はない。ダビデ像のペニス——ミケランジェロの有名な彫刻を模したサロは四人前、いやそれどころではない量だ。皿を目の前にどんと置かれてやっと気づいた。ヘンパーティー〔結婚前に花嫁が女友達とはじけるパーティー〕のトロフィーがとんでもないことになった感じ。

「すぐ食べたほうがいいですよ。溶けるから」ウエイターはそう言い残して立ち去った。

今度も彼が正しかった。脂の男根の両側にはパン粉をまぶして焼いた目玉焼きが一つずつ。それが温かい餃子の山にのっている。脂は下のほうから淡いピンク色に溶けていき、危険な角度に傾き始めた。私はフォークをじっと睨みつけた。自分に足りない力を与えてくれるように。そして大きく口を開けるとかぶりついた。味は薄く、少し劣化した味。フライパンに残った昨日の油みたいな。この一口が死の宣告となり、ダビデのペニスは完全に転覆した。

口の中にラードの味を残しつつ、それでもここに座っていることが正しいと感じられる。サロや脂肪の文化的魅力への賛辞、それに最も有名なリヴィウの住民で『毛皮のヴィーナス』の著者レオポルト・フォン・ザッハー＝マゾッホへのオマージュとしてもぴったりだ。これは食事という体験ではない――完全にサドマゾヒズムなのだから。

傷口にラードの絆創膏を

豚は脂肪と同じく複数の意味をもつ言葉だ。豚の肉がスウェーデン語でフレスク（特に脂肪の多い豚肉も指す）になったのはスウェーデンの食文化においても豚が「重い」役割を果たしてきたことを物語っている。数世代前まで、ラード（豚脂）はスウェーデンの台所で欠かせない基本材料だった。フライパンで何かを焼く時に使ったり、パンに塗ったりしたのだ。一九三〇年代に祖母の実家のコンロの脇には肉を焼いた時に出る油を溜めておく壺があった。毎年豚を一頭飼って、十二月にはそれをさばいて自分たちで食べる。その血はブラッドプディングになり、腸は中身を出して洗いソーセージを詰める。ラードは切り取り、ガラスのように透明になるまで弱火で加熱して濾過し、冷まし固めた。

サロとは違い、ラードはほとんど味がしない。とろりとした食感以外はニュートラルな味だ。まろやかな脂肪と言えばいいのか。焼いたり揚げたりするのにも最適で、パン粉をまぶした魚の表面もカリッと焼き上がる。またパイ生地などドライでさくさくした焼き菓子のレベルを奇跡のように上げてくれる。バターやマーガリンを使うと固い生地になるが、ラードだと角はカリッと、底はさくさくに仕上がる。

メキシコ料理にもラードは欠かせない。フリホレス・レフリトスは英語名のリフライド・ビーンズで有名だが、茹でた豆をラードで炒めて潰した料理だ。メキシコの家庭料理によく入っていて、タコスやブリトー、そしてやはりラードの入ったパンやトルティーヤに塗る。トルティーヤは生地にラードを練りこむことで透けて見えるくらい薄くのばすことができ、油をこぼした紙のように見える。

スウェーデンの台所からラードが撤退したのは一九七〇年代のいつ頃かだが、これは大いなる損失としか言いようがない。

北方民族博物館のアーカイブには一九〇〇年前後に豚の脂肪をどのように活用していたか、どれだけ重宝していたかがわかる詳しい資料がある。ラードは豚の胃の両側にある直方体の塊とされ、それを丸ごと切り取っていた。スモーランド地方の男性は豚の解体についてこのように証言している。〝手伝いが豚を押さえている間に、解体人が「雷の耳（心臓の弁）」を切り落とす。そこは人間が食べるには適さないとされ、ヴェッタル〔民間伝承で家に棲みつくとされる妖精〕に捧げられる。それからラードを切り出す。この作業が何より大事で、その豚がどれだけ肥えているかを示し、後々まで称賛されることになる。農園主がラードを量るために大きな竿秤を手に待ち構えている。その後は村じゅうで豚から何マルク〔昔の重さの単位〕のラードがとれたのかが噂になるが、豚自体の重さを量ることはなかった〟。またスコーネ地方の女性は〝誰が豚の世話が上手くていちばん太らせられるか、真剣に競い合っていた〟と回想する。

解体は大仕事で、近隣の農場で助け合った。お礼にその場で食事が出て、少し肉を持ち帰ることもできた。その後自分の農場で解体する時にはお返しに手伝ってもらう。地方によっては解体作業は主に男の仕事だったが、男女ともやっていた地方もある。ロースラーゲン地方の女性は〝男連中にとっては豚を解体した時点で仕事が終わる〟と証言している。しかし女にとっては始まりでしかない。〝女が豚を潰したら、つまり刺したら、その後の作業もすべて指揮した。皮を剝《は》ぐのもその女の仕事。しかし農場の労働者二人ほどの手を借りなければならない。それは男か女か、だいたい両方。そして女が斧で豚を切り分け（今では電気のこぎりでバラバラにするが）、腸の皮をこそげ、豚の血のパンを焼き、大麦入りのソーセージを詰め、塩漬けにしない部分は茹で、ブラッドソーセージも詰めた。それから数日は内臓の調理にかかりきりだ〟。

豚は前肢と後肢にロープをかけてひっくり返す。解体する間もロープで押さえつけていた。ロースラーゲン地方では一八九〇年まで家畜に麻酔をかけることはなく、使い始めたのも羊と牛からだった。〝豚に麻酔はかけなかった。悲鳴がすごかったね。それで血が噴き出す。長い鳴き声のたびに——それがやつらの悲鳴なんだが、血を受け止める桶にドロドロと流れた〟。

豚が死ぬと手で、主に親指を使って皮を剝いだ。〝大変な作業だった。関節が白くなるくらい働いたね。時々ナイフを出して、手では無理な作業をやった〟。それから腹を開いて内臓を取り出す。まずは胸のほうの内臓、それから腹。最後に腎臓やそのあたりの脂肪を取り出す。そして肉を切り分ける。大きな塊は樽やバットの中で塩水に漬けた。〝女たちは――基本的には豚を刺した女が解体当日と翌日の内臓処理の作業も仕切った。新鮮なものをその日のうちに茹でる。心臓、肺、肝臓、頭、腎臓、脳、そしてベーコンや肉の一部も。茹で汁が沸騰すると肉を茹で、ひきわり大麦の入った桶に上げる。内臓の処理は洗濯小屋やパン焼き小屋で行われた。茹でるための鍋は五十リットルはある大きさだった〟。

胃と腸は野外で中身を出し、鈍くなったナイフで腸の絨毛や胃の中のどろりとした消化物をこそぎ落とした。解体後の数日はソーセージを詰め、パルト〔肉の入ったポテト団子〕を茹で、血入りの黒いパンケーキを焼いた。

このように豚一頭が余すことなく利用された。牛なら腎臓や胃の脂肪は塩漬けにして乾燥させ、調理の際に焼き油として使われた。豚や羊の足は茹でて冷やし固め、煮こごりにする。茹でている間に表面に浮いてきた脂はすくいとり、糸車の潤滑油にした。質の良い「蹄油」はライフルやピストルに鶏の羽根で塗布され、牛からとれる質の悪い脂からはキャンドルをつくり靴磨きにも利用した。背中の腱は腱糸に紡ぎ、骨と脂肪は灰と一緒に煮て灰汁にすると洗濯に使えた。角はスプーンやソーセージづくりに使うパイプに、膀胱は浣腸ポット、豚のラードの膜は自家製キャンドルのランタンのガラス代わりになった。ラードの膜や膀胱はブーツの革の中に入れて湿気を防いだし、ラードの膜は絆創膏としても重宝された。ブレーキンゲ地方の男性はどこかを切ったり怪我をしたりした時にすぐ使えるようにラードの膜をいつももち歩いていたという。〝ラードの膜は数えきれないほどのナイフの切り傷を治してくれた。わたし自身も何度もね。傷を清潔に保ってくれるから膿まないんだ〟。ラードはシラミがつかないように髪にもすりこみ、そのまま軟膏としてあるいは水銀と混ぜて水銀軟膏としても使用された。

ホメロスのソーセージ

古代ギリシアの文学史は三千年前にホメロスの『イリアス』と『オデュッセイア』から始まった。『オデュッセイア』が世界初の文献になったテーマは数えきれないが、ソーセージもその一つだ。オデュッセウス王が二十年の試練と戦いを経て故郷に帰還するが、物乞いに扮装した王に気づいたのは老犬だけだった。そこには妻ペネロペイアを狙う求婚者が押しかけていて、オデュッセウスは心を冷静に、頭脳を明晰に保とうとした。〝胸の内の己れの心に語りかけてこういうと、心は素直にそれに従って、毅然として耐え続けた。しかしオデュッセウスの身の方は、右に左に寝返りを打っていたが、そのさまは――あたかも男が、脂と血を詰めた生贄の胃袋を、燃え熾《さか》る火にかけ、一刻も早く焼き上げようと、右に左にひっくり返すよう、そのようにオデュッセウスは、いかにして単身多数を相手として、恥を知らぬ求婚者たちに、痛撃を加えたものかと思案しつつ、右に左に身を反転していた〟。

この場合、胃袋がケーシング、つまりソーセージを詰めるために汚れをとり除いた腸を表している。他には、食べ物に塩を振るという知識をもたない人々にホメロスがそれを教える場面もある。〃海を知らず、塩を混ぜた食物を食うこともせぬ人間たち〃。

ホメロス『オデュッセイア（上）（下）』松平千秋訳、岩波文庫、一九九四年

鼻から尻尾までルネッサンス

一九七〇年代に入ってからも日常的に豚足、オックステール、骨髄、血液、腎臓などの安価な部位が食されていたが、今では入手しづらくなった。多くの西洋諸国で同じ状況だがフランスは例外で、レベルの高いビストロの厨房から脳や舌が消えたことがない。ロンドンでは一九九四年に当時三十歳のシェフ、ファーガス・ヘンダーソンがパブ〈セント・ジョン〉をオープンさせた。燻製所を改装した店内でサガリや腎臓、肝臓、骨髄の料理やスープを出したのだ。ヘンダーソンは『鼻先から尻尾まで食べつくす』や『動物の全身』といった料理本を著し、古い伝統を新たに復興させる料理哲学を確立した。このコンセプトは二〇〇〇年代のレストラン業界で野心的な店の多くが採り入れた。ヘンダーソンいわく、すべては敬意に尽きるという。肉を得るために動物を育て命を奪うのは軽々しく行うことではない。与えられたものを最大限に活用するのが自分たちにできる最低限のこと。ともすればすり潰してソーセージにするか工業原料として消えていく部位、そのステータスを高めることが真摯なブリーダーの収入にもつながり、ひいては多くの動

物の生活が改善される。それに味も良くなる。

現在では一頭の豚の大部分が工業原料になる。つまり食用以外の用途に使われているのだ。オランダの女性デザイナー、クリスチャン・メンデルツマはアートブック『ＰＩＧ　０５０４９』の中で無作為に選んだオランダの工業用豚がたどる多様な運命を描いている。豚０５０４９号の総体重は百三・七キロ、その内訳は皮膚が三キロ、骨十五・二キロ、肉五十四キロ、内臓十四・一キロ、血液五・五キロ、脂肪五・四キロ、その他が六・五キロだった。肉と内臓は主に食品に使われ、皮膚は革、コラーゲン、ゼラチンとなってエナジーバー、糊、フェイスマスク、チューインガム、カスタード、アイスクリーム、ビール、ジュース、外科用の抗生物質などに利用された。骨から抽出されるコラーゲンはゼラチンになり、それが紙、コルク、写真フィルム、レントゲンフィルムそして弾薬に使われる。膠《にかわ》は靴やサンドペーパーに、骨灰は陶器に、体脂肪は潤滑剤、バイオディーゼル、鳥の餌に。骨脂肪はヘアコンディショナー、クレヨン、車の塗料、石鹸に、また骨脂肪から抽出するグリセリンは床用のワックスになった。一頭から八十九種類の製品がつくられたという。

それでも残った部分は燃やされ、地域熱供給に使われた。

現在スウェーデンで屠畜される豚は全頭、脂肪含有量を検査される。いや正確には逆で、脂肪のない肉量をチェックされている。なお測定で使われるのは親しみやすいファット・オ・メーターという名前のついた機器や超音波電子機器だ。純粋な肉の割合で四十％以下から六十％以上までカテゴリーに分けられ、脂肪が多いほど安く、ブリーダーのクリストフェル・フランツィエンの実入りも悪くなる——自分の豚の肉を売ればの話だが。しかしフランツィエンは売らない。解体した豚の肉はエンシェーピンから数十キロ北東にあるエッシュンズブロ農場に戻され、そこで肉、脂肪、内臓が職人の手で肉加工製品になり、農場の売店で販売され個人宅に配達される。

フランツィエンはソーセージ職人だ。ストックホルム南の郊外に借りたアパートでアマチュア肉加工家としてのキャリアをスタートさせた。最初はブログを書いていたのがソーセージづくりのベストセラー本を出すまでになり、二〇一〇年には意を決して専業の養豚農家兼食肉加工職人になった。フランツィエンが選んだ豚はスウェーデンで唯一現存する在来種のリンデレード豚で、何よりもその種の存続に貢献したかったのが理由だ。農場では豚を屋外で飼い、長い時間をかけてゆっくり成長させる。つまり太らせる——まさに豚のあるべき姿に。

「肉を加工するなら良質な脂肪が欠かせない。初めて自分の豚の脂肪を味わった時は神の啓示を受けたような気分だった。味わい尽くしたよ。大量生産の養豚場で育てられた豚の酸っぱい脂肪とは比べ物にならない」

自分で手づくりした加工品をマーケットで売ることもあるが、脂肪の塊を見ると嫌悪感を示す人が多い。そのたびに「脂肪は気持ち悪いものでも危険なものでもない」と説明することになる。初めての人には乾燥させた肉に目に見えて脂肪が入った商品を薄くスライスして味見を勧める。「それを手の甲に置いて、もう一方の手をかぶせてもらう。脂肪は人肌に温めるとさらに美味しくなるからです。試す勇気があるならかなりいいところまでいっている。口の中で脂がとろけて、味を満喫してもらえます」

フランツィエンの農場の豚たちは有機認証の麦芽、穀物を細かくしたもの、そして時々豆も食べている。自由に地面を嗅ぎまわることができ、特にお気に入りなのは四本のカシの周りだ。ブナの実やドングリには五十％も脂肪が含まれ、野生動物にとって何よりの栄養源になる。彼の豚も「地球上の何よりもドングリが好きだ」とフランツィエンは笑う。訪れるお客さんにドングリをお土産に持ってきてと頼んでいるほどだ。

フロットの作り方

豚が寒さに弱いのは、寒い時に哺乳類が体温調節に使うサーモゲニンというたんぱく質をもたないからだ。それが大規模な養豚産業から二つの点で注目されている。寒い地方では暖房コストがネックになるし、寒さへの抵抗力が脂肪含有率と関連していることが判明したからだ。二〇一七年に中国の研究チームが雌豚十三頭のＤＮＡにマウスのサーモゲニンを組みこんだ。その内三頭が妊娠し十二頭の仔豚が生まれたが、仔豚は体温調節能力に優れていて、脂肪が二十四％少なかった。

市場の要望に応える豚を創り出す――大手食肉生産者は常にそれに努めてきた。スウェーデンの〈スキャン〉は一九七四年に新しい品種の開発を始め、一九八一年にピッグハムを世に送り出した。三種を交配させた豚で、母豚はヨークシャーとスウェーデンの在来種、父豚がハンプシャー種だ。今では〈スキャン〉の豚肉はどれもこのピッグハム種だ。そして二〇一〇年代には多価不飽和脂肪酸の含有量が高い菜種豚を開発した。スウェーデンのコーン鶏がトウモロコシを食べて育ち、色や味が違うように、菜種豚は菜種ベースの飼料を与えられて市場が望むような特徴を備えている。〈スキャン〉はこの菜種豚を美味しくて儲かるという謳い文句でレストランに売りこんだ。牛肉や仔羊肉より安いのに、同じ価格帯でメニューに出せる、つまり利益率の高い食材になるとアピールしたのだ。

大量生産の養豚で使われる飼料は通常、乳製品工場やビール醸造所で余ったもの、菜種油を加熱圧搾して残ったものを固めた菜種クッキー、魚粉、それに飼料ジャガイモ、ビート繊維、ルピナス、大豆やソラマメを原料としている。スウェーデンでは豚の血漿《けっしょう》を含んだ飼料を与えるのを避けているが、デンマークなどの国では一般的に行われている。

豚の脂肪をどういう名前で呼ぶかは人によるようだ。フランツィエンは脂肪がどの部位から来ているか、どのように加工されたかで独自の定義をしている。皮下脂肪は背脂と呼び、固いものと柔らかいものがある。背骨に近いほど固く、ロースの上の部分が最も固い。腹部のほうは柔らかく、緩くて、融点も低い。融点が最も低いラードがあるのは腹腔内だ。解体したてのラードはワックスのように透明だという。

「ラードと背脂の柔らかい部分をオーブンで溶かすんです。一晩じゅう九十度くらいの低温で。すると焦げた味がしないし、豚臭さも一切なく、ただひたすら純粋な脂の味になる。翌日それを濾すとフロットができあがる。これをあくまでもラードと呼ぶ人もいるが、ばかばかしいよ」

そのフロットは固まると雪のように白くなる。フランツィエンはそれに「秋のフロット」という商品名をつけ、二〇一三年には〈エルドリムネル〉という団体から年間最優秀革新的工芸食品賞を授与された。味はドイツのグリーベンシュマルツからインスピレーションを得た。グリーベンシュマルツにはフロットに玉ねぎとリンゴのみじん切りが入っている。元妻の「アンズタケを少し混ぜてみたら？」という発案により「世界一のうま味爆弾」が誕生した。

「フロットや脂肪を料理に使うトレンドは確実に戻ってくると思う。うちの豚のように質の高いものが手に入るならね。工業生産の脂肪だと酸っぱいストレスの味しかしない。だから使われなくなったのも無理はないよ」

背骨に近い固い背脂からは新鮮なソーセージをつくっている。塗れるほど柔らかい背脂はレバーパテに。南イタリアでも昔からンドゥーヤという「塗るサラミ」がつくられている。バレアレス諸島のマヨルカ島にもソブラサダという太い塗るソーセージがある。パスタソースやホットサンドイッチの味わいを深くするのに便利で圧倒的に美味しくなるし、脂肪が五十〜六十％も含まれている。

フロットには塩が溶けないという特徴があるので、秋のフロットを塗ったパンにはあとから塩を振りかける。なお、チリは脂に溶けるので、チリソーセージを焼くと脂が辛味成分のカプサイシンと一緒にしみ出してくる。

「脂が流れ出てしまうのは残念だけど、その代わりに世界一美味しいフロットが手に入る。それをパンにつけて食べるとうまいんだ」とフランツィエンは言う。

従順ではないのが豚

今では豚が人間の家畜でいることで何の得があるのかさっぱりわからない。しかし長い目で見ると、豚と人間は相互的な利害関係にあった――とアメリカ人歴史家のブレット・ミゼルは著書『ピッグ』に書いている。人間と豚が一緒に暮らした最も古い痕跡は一万一千年前のもので、それ以来、豚は野生で生きるための特性を失っていった。

今でもユダヤ教やイスラム教では豚肉を食べるのはタブーだが、ミゼルによるとその思想は古代エジプトに起源をもつという。ナイル川周辺の湿地を灌漑し、穀物を栽培するようになると、家畜の管理が重要になった。牛や羊、山羊はうまくいったが、豚は難しかった。新興国家が国民に絶対的な服従を強いる時代において、管理しづらい豚は独立心や個人主義という抑圧すべきものの象徴として見做された。もう一つ有力な説が、エジプトやイスラエルのように暑く乾燥した土地では豚が自分の排せつ物を食べる傾向があることだ。それは羊や山羊も同じだが、豚のほうが頻繁にやるという。

しかし古代ローマの人々は豚を食べ、同時に尊んでもいた。ラテン語で豚ほど多くの名前をもつ動物はおらず、四世紀か五世紀にアピキウスが書いた古代ローマのレシピ集『デ・レ・コクイナリア』にも多くのレシピを提供している。豚小屋の糞尿を焙煎して、酢と混ぜて栄養ドリンクにするのも人気だった。皇帝ネロの好物だったと言われている。当時の人々は豚を動物学的にどう分類するかについても思索した。偉大なる弁論家キケロは豚を「肉の詰まった袋だと見做すこともできる」とした。「ただし新鮮に保つために塩ではなく魂をもらった」

古代ローマでキリスト教が正式に採用された時にも、豚肉を食べることは禁止されなかった。解体方法についてもあまり深く考えなかったようだ。ユダヤ教やイスラム教では屠畜の際に完全に血を抜き、肉をコーシャまたはハラール、つまり「清潔で正しい肉」にするが、初期のキリスト教ではそれも実践されなかった。それ以外に他のアブラハムの宗教と一線を画すのは、聖餐の際に象徴としてイエスの血を飲み、肉を食すことだ。豚はまた、早くから反ユダヤ主義の思想やイメージに利用されてきたことをフランス人人類学者のクロディーヌ・ファーブル＝ヴァサスが『豚の文化誌：ユダヤ人とキリスト教徒』で指摘している。中世ヨーロッパの民間伝承ではイエスがユダヤ人の子供を何人も仔豚に変えたとされ、ユダヤ教が豚を食べるのを禁じるのはユダヤ人自身が豚だからと考えた。また、スペインの異端審問で改宗させられたユダヤ人は「マーラム」つまり豚と呼ばれた。ちょっと例を挙げただけでこれだ。

豚が不浄な存在だという発想はまったく根拠がないわけでもない。豚を自由にさせておくと、食べるものを探すために土を掘る。そして泥の中に転がって躰を冷やし、寄生虫から皮膚を守る。彼らはきれい好きだが、この泥パックをあげつらって「豚は汚い」と決めつけたのも無理はない。

ラルド——アナキストの脂っぽい食べ物

世界に数ある豚脂の加工品の中でも最高のステータスをもつのがイタリアの「ラルド」だろう。ラテン語の Lardum は豚の脂肪を指し、ラルドも豚の背脂からつくられる。

背脂を直方体の塊に切り分け、大きな大理石の箱に詰めて塩漬けにするのだ。ニンニクや黒コショウで風味づけされ、ローズマリーやローレルといったハーブが使われることもある。時間とともに脂の中の水分が塩と反応してサラモイアという液になり、背脂がそれに浸かる形になる。三カ月から一年ほど熟成させてから乾燥させ、最後に真っ白なラルドを葉のように薄くスライスする。豚の皮を混ぜたものもある。この伝統はかなり古く、他の豚脂と同じくラルドも元は貧民の食べ物だった。北イタリアでは「アナキストの食べ物」とも呼ばれた。一八四九年にイタリアのパルチザンがオーストリアに対して反乱を起こした際、豚を連れてアルプスに逃げこみ、ラルドで生き延びたという言い伝えがあるためだ。

アメリカから始まった工業養豚

スウェーデンに話を戻すと、石器時代初期には小さな泥炭豚がスコーネ地方で飼われていた。遺跡からよく出るのもその豚の骨でつくられた針や錐だ。中石器時代には家畜の豚のサイズが大きくなった。ヘムスタの自然保護区――フランツィエンがリンデレード豚を育てている農場からほど近い場所――では岩に三千年前の絵が刻まれているが、そこに豚も描かれている。

養豚は小規模ながら長い間行われてきた。家で一、二頭自分たちのために豚を飼っていることが多かった。

一七七二年にヤン・ブラウネルが執筆したハンドブック『飼育に関する考察ならびに家畜家禽の利用価値』には豚は清潔に飼い、三週間に一度は温かい水で洗ってやらなければいけないと書かれている。中でも重要なのは雌豚に良い餌を与えること。雌豚は乳を出すからだ。雄豚の脂の厚さは背中に針を刺し、どこで躰をばたつかせるかで簡単にわかるという。

今のような工業養豚は一八三〇年代のアメリカ、オハイオ州シンシナティで誕生した。後に「ポーコポリス」として知られるようになる街——とマッティン・ラグナルの『豚の歴史：ベーコンだけではない』にもある。シンシナティではヘンリー・フォードが台頭する八十年前にはすでに毎年何十万頭という豚が次々と屠畜されていた。フォード車と大きく違うのは、組み立てるのではなく解体するという点だろうか。シンシナティ出身の起業家には他に、豚の解体時に残った脂肪を買いとって石鹸を製造したウィリアム・プロクターとジェームス・ギャンブル〔P&Gの創業者〕がいる。

意外かもしれないが、スウェーデンで豚の寿命を短くしたのは酪農場だった。十九世紀末に酪農場の規模が拡大するとホエー、無脂肪乳、バターミルクといった副産物が大量に余るようになり、それで豚を育てることになった。しかし農場では二、三年だったのが、酪農場では五〜七カ月しか生かされなかった。二十世紀に入ると効率化がさらに進み、一九五〇年には豚の体重を一キロ増やすために三・四キロ使っていた飼料が一九七八年には二・八キロまで減っている。しかも豚は痩せた——これも市場の要望に応えてのことだ。

「そのあたりからスウェーデンの加工肉産業がおかしくなってしまった」と膨大な量の業界文献

を読み漁ってきたフランツィエンは言う。一九五〇年代になると業界ハンドブックのテーマも原材料を乾燥させると重さを失うとか、製品にどれだけ水分を含ませられるかという話ばかりになる。

「それまでは加工する職人が最適な水の量を知っていたのに、六〇年代に滅茶苦茶になった。工業的な考えかたが浸透し、何でもいかに安くするかに終始するようになって。材料の品質も全体的に下がった。加工肉に血漿を使い、肉がもっと液体を吸うようにリン酸塩を増やした。それに機械による骨抜きも始まった」

機械を使って骨を遠心分離させれば固い肉のスラッジを緩めることができるが、その方法には批判もある。骨の破片が混入することがあるし、バクテリアが繁殖しやすいのだ。

飼育も機械化が進んでいる。一九八〇年にはスウェーデンの養豚場で平均して百頭が飼われていたが、二〇一三年には七百九十五頭にまで増えている。現在の平均的なスウェーデンの豚は一日二十秒間世話をされてから屠畜される。屠畜に際してのストレスは屠畜場への輸送によるものが大きいが、これは豚にとって苦痛なだけではない。肉の味も落ちてしまう。

肉というのは筋肉中のたんぱく質が正しく分解されなければ適度な柔らかさにならない。屠畜されて血を抜かれる時にグリコーゲンが分解され、乳酸が生成される。そこでpH値が下がる――生きている時には七だったのが、五・五〜五・七あたりまで下がるのだ。グリコーゲンがなくなると死後硬直が始まるが、ストレスを感じた豚は死ぬ前にグリコーゲンの備蓄を放出してしまっているということもある。すると死後硬直が速くなり、pH値がほとんど変化せず、肉がＤＦＤという欠陥品になる。DFDは英語のDark, Firm, Dry（暗い、固い、乾いた）の略だ。または屠畜前のストレスでpH値が速く下がりすぎるケースもあり、そうすると逆の結果になる。肉はPSE、つまりPale, Soft, Exudative（色が薄い、柔らかい、液体がにじみ出る）になってしまう。

スウェーデンの養豚はよくデンマークと比較される。隣国デンマークは豚肉輸出大国としての地位を築いていて、スウェーデンにとっては最大の競合相手だが価格がずっと安い。それに対してスウェーデンの養豚業者はそもそも競うための条件が不利だと批判している。デンマークの豚肉が安いのはスウェーデンでは禁止された飼育方法を取っているからだ。雌豚は格子に固定して動けないようにされ、EUでも禁止されているのに仔豚の尻尾を切り、飼料に抗生物質を混ぜて健康な豚にも摂取させる。豚の血漿が飼料として与えられることもある。

しかし北欧の外に出るとデンマークは劣等生には程遠い。デンマークでは一キロの肉に対してスウェーデンの四倍の抗生物質が使われているが、スペインでは三十六倍、イタリアでは三十一倍だ。この二国は加工肉をスウェーデン他の国々に大量に輸出している。

デンマークにおける伝統的な職人技の復興

デンマークは家畜の飼育方法に問題を抱える一方で、家畜や原材料の劣悪な取り扱いに対する反対運動も盛んだ。オーガニック食品においても世界を牽引しており、デンマーク人は一人当たりスウェーデン人の倍のオーガニック食品を購入している。

ミカエル・ミューセットはコペンハーゲンのアマー地区の海岸にほど近い場所にオフィスを構

えている。天井からはデザイナー、ヘンリック・ヴィブスコフの作品に長さ一メートルのニット素材のサラミソーセージが下がっている。壁のアートは薄着の女性と豚肉製品を描いたもので、床には靴が少なくとも七足、スポーツリュック、弁当箱、古新聞の山などが散らばる。ミューセットがキッチンから戻ってきて、物だらけのデスク上にとりあえずフレンチプレスコーヒーメーカーとマグカップ二個を置けるスペースを確保した。

ミューセットが経営する〈フォルキス・メイホース〉〔市民のためのフードハウス〕はコペンハーゲン市内の保育園の給食など大規模なケータリングを手がけ、料理は九十％オーガニックだ。また飼育と屠畜方法の改善を目指して、職人および屠畜業者のネットワーク〈ブッチャーズ・マニフェスト〉を設立した。ミューセットは合理的な理由でビジネスに脂肪を活用している――余っているものだし、安いからだ。

「動物性脂肪は肉を加工する過程で自然に出る廃棄物。だから当然利用するべきです。ただ正直言ってすごく退屈な材料だと思う。うちでは食材を焼いたり揚げたりした時に出る脂をとっておいて、食材を覆ったり保存したりしている」

コンフィは調理法でも保存法でもある。元はフランス語で「自分の液体で保存する」というような意味だ。ミューセットはキノコや根菜など脂肪を含まない食材もコンフィにしている。肉なら事前に塩漬けにするが、それは塩が脂肪に溶けないからだ。コンフィにする食材はアヒルやガチョウの脂肪で覆い、数時間弱火で煮こむ。そのくらい時間をかけることで固い肉の繊維が柔らかくなり、深い味わいになる。特にガチョウの肢や豚のスネといった固い部位にぴったりの調理法だ。できあがると脂で覆い、圧力をかけて保存すると数カ月から一年もつ。

フランツィエンと同様に、ミューセットも昔からの在来種を放し飼いにした豚を使っている。自分で飼育はしてはいないが黒ぶちのデンマーク産豚だ。ゆっくり時間をかけて育てられ、自由に土を掘ることもでき、そんな豚はちゃんと太りもする。

「四年も吊るして熟成させているハムもある。だがそれには良質な脂肪が欠かせない」

〈ブッチャーズ・マニフェスト〉は定期的に集まり、それぞれが見習いを受け入れて知識の継承に努めている。しかし皆で集まっても脂肪のことはたいして話題に上らないという。その一方で、質の良い肉製品をつくるのに最適な在来種がどれかということはよく話す。どれも太る品種だ。

「結論は毎回同じ。今は肉の脂肪が少な過ぎる。脂肪に味があるのに」

しかし客はそれとは逆の希望を口にする。レバーパテは約五十%が脂肪だがそれを問題視する人はまずいないし、クリスマス前には需要が高い。しかしそれ以外の場合には客が商品を味わうまで、何を食べているのかは教えないようにしている。でなければ誰も脂肪には手をつけようとしない。

「豚の鼻や耳のテリーヌなんかもつくっているが、要するに脂肪と皮だけです。食べた人は誰でもこれは何だろうと不思議がる。それに教えても信じようとしない。最初から伝えていたら九十九%の人が味見を拒否するだろうね」

本物のベーコンとは

昔ながらの方法でベーコンもつくっている。レバーパテ以外では確実にベーコンがデンマーク人としてのアイデンティティを感じさせてくれるという。その対極がイタリアのパルマ発祥のコッパ（豚の肩回りの肉を乾燥させたもの）をつくるのに試行錯誤している時だ。「ベーコンをつくったり食べたりすると自国の伝統を受け継いでいるのを感じる。コッパだと世界を見に行っている気分かな。向こうはどんな風なのかな……って」

本物のベーコンをつくるのは実に高くつく。良質な材料を使うとなおさらだ。「心が折れそうな時には普通の豚肉を使ってしまえと思うこともある。それでもデンマークで最高のベーコンをつくれる自信があるからね。だがそれでいいとは思えない。だって豚たちがどんな風に生きたのか胸を張って答えられない。だから金ならかかるだけかけようと思った。実際には金はあまり関係ないんだが。そもそも九十％の人はぼくらが何をしようと気にしない。どっちにしろ高すぎるから。ぼくらのミッションはスタンダードのレベルを上げること」

では「本物のベーコン」とは？　まずはミューセットが意味する「本物」の逆を考えてみよう。一般的なベーコンのパッケージに記載された成分表はこんなふうだ。食肉大手〈スキャン〉なら〝スウェーデン産豚バラ九十六％、水、塩、酸化防止剤（Ｅ３０１）、防腐剤（Ｅ２５０）、くん液〟。スウェーデンの食料品店で売られているベーコンやレストランの厨房で使われるベーコンにはどれも同じような製法が使われている。豚肉に塩水を注入し、くん液で風味をつける。くん液とは木を燃やした煙を凝縮させた液体で、刷毛で肉に塗るか、噴霧するか、注入することもある。そのおかげで豚肉を燻製することなく燻製風味をつけられるようになり、大きな効率化につながった。食品庁によればこの製法には健康上の利点もあるという。有害物質の含有量が減るからだ。なおE301というのは肉の色を赤く見せるための添加物でもあり、それがないとベーコンは茶色のままだ。

スプレーロッカーや自動包装が導入される前の製法だと時間もかかる。豚バラに塩を塗ってしっかりもみこみ、乾燥させてから木で燻《いぶ》す。そうやってつくられたベーコンは塩水に漬けてくん液を塗ったベーコンよりも水分が少なく、多孔質になるのでカリカリに仕上がる。フライパンの中でも油の飛び散りが少ない。今の標準的なベーコンは水分が多すぎて牛乳のような白い液体がフライパンの中で泡立ち、まずはその中で茹でてからやっと焼けるような状態だ。それに防腐殺菌作用のある塩、亜硝酸塩も入っている。しかし職人がベーコンをつくる時には亜硝酸塩はなるべく避ける。タバコの煙にも含まれている、がんのリスクを増大させるニトロソアミンという物質に変化するからだ。しかし食品庁は食品を介して摂取する亜硝酸塩の量は微量で、がんのリスクにはつながらないとしている。

デンマークのおばあちゃんの脂と太った伯爵

デンマークでは様々な豚の脂が売られている。「玉ねぎ入りおばあちゃんの脂」「スパイス脂」「伯爵脂」「スイス脂」はどれも溶かして風味づけした豚の脂で、パンに塗って食べる。もう一つデンマークを代表する豚脂製品が「太った伯爵」で、ラードを濾した時に残るそぼろだ。焼くと茶色くカリカリになり、スウェーデンでも刻んでソーセージに入れるし、パルト〔肉の入ったポテト団子〕やジャガイモに添えることもある。

コペンハーゲンのメインストリート、ストロイエから目と鼻の先にあるレストラン〈太った伯爵〉は豚肉メインの伝統的なデンマーク料理で有名だ。ポークステーキバーガーには十センチもの長さのあるカリカリに揚げた豚の皮がついてくるし、ウェルカムスナックには「太った伯爵」をかけたポップコーンが供される。そぼろは少し焦げた風味、そして半端なく脂の味がする。

豚肉が国家主義者の振り回すバットに

スウェーデンでもデンマークでも豚肉は国家主義的な主張に利用されがちだ。焦点は誰の嗜好に応じてメニューを決めるのかだが、どういう食習慣がデンマークあるいはスウェーデンらしいのかという議論にも発展する。二〇一八年の総選挙後、スコーネ地方スタッファンストルプ市では穏健党と右派ポピュリズム党のスウェーデン民主党が実権を握り、まず決めたのが学校給食で豚肉を食べない生徒に他の肉の選択肢を与えるのをやめることだった。そういう生徒はベジタリアンメニューを食べていればよい。それで市の財政の節約につながるかというと誤差のような違いしかなく、肝心なのは給食がスウェーデンを象徴するかどうかだった。豚肉を食べないのはユダヤ系とイスラム系であり、スウェーデン人を名乗るなら食べて当然、というわけだ。一方、ヨーテボリ市は生徒の大多数が宗教上の理由から豚肉を食べない学区で豚肉メニューを廃止したところ、豚肉食者の抗議活動が起きた。自分たちのほうが差別されたように感じたのだ。その結果、豚肉はカムバックを果たした。デンマークでもいくつかの自治体で同じようなことが起き、自治体が公共機関で豚肉の提供を義務づける決定をした。その中にはラナースというデンマークで六番目に大きな街もあった。

「これはデンマークの食文化を存続させ、国民に豚肉を食べる権利を保障する決定だ。学校に何人、別の民族的背景をもつ生徒がいるかどうかに関係なくね」右派ポピュリズム党であるデンマーク国民党のラナース市グループ長フランク・ノーガゲはメディアの取材に対してそう答えている。

第六章　かくも恐ろしき脂肪

脂肪は命を与える——その一方で私たちを殺しもするのだろうか。

その疑念が芽生えたのは二十世紀、贅沢による新しい病気が広まった時だった。ペニシリンや低温殺菌といった技術の発明、インフラの拡充、そして一般市民にも医療が開かれたおかげで、先進国ではその世紀の半ばまでに栄養失調や感染症などで命を落とすのを放棄したようなものだった。平均寿命も延びたが、それと同時に新しい国民病——がん、心血管疾患や糖尿病が増えていった。

今では世界の死因のほぼ半数が心血管疾患によるもので、中でも名を馳せるのが脳卒中と心臓発作だ。スウェーデンではその割合が三十五％と低めだが、それでも心血管疾患が死因として最も多い。そこに潜む重要な原因がアテローム性動脈硬化症（動脈硬化）で、血管の内側にプラークが形成される病気だ。このプラークが炎症を起こしたり破裂したりすると血液がそれに反応して凝固し、血栓ができてしまう。

プラークが発生するメカニズムは完全には明らかになっていないが、ＬＤＬコレステロールと呼ばれる血中脂肪が中心的役割を果たしているという説がある。悪玉コレステロールと善玉コレステロールという名前をよく耳にするが、ＬＤＬはこの物語における悪役だ。

他の脂肪と同じくコレステロールも水溶性ではなく、自分で血中を移動することはできない。だからたんぱく質ベースの輸送カプセル、リポたんぱく質に移動を手伝ってもらう。リポたんぱく質には四種類あり、カイロミクロン、超低密度リポたんぱく質（ＶＬＤＬ）、低密度リポたんぱく質（ＬＤＬ）および高密度リポたんぱく質（ＨＤＬ）だ。最初の三つはコレステロールを細胞外に運び出し、善玉であるＨＤＬは過剰なコレステロールを肝臓に戻して分解されるようにする。

このプロセスでＬＤＬに起因した問題が起きると考えられているのだ。ＬＤＬは特定の条件下で高密度の小さな粒子になり、血管の壁に付着する傾向がある。粒子はそこで血液の洗浄細胞であるマクロファージに食べられるが、マクロファージが泡沫細胞に変化する恐れがある。そうすると膨らんで大きくなった泡沫細胞が骨や歯を構成するリン酸カルシウムなどとくっつき、プラークを形成してしまう。こうして動脈の壁が固くなり狭くなる。

コレステロールには様々な種類があり、身体がそれぞれにどう反応するのかを人間が理解するのに時間を要した。コレステロールとの対決は徐々に進んできたのだ。

コレステロールが心血管疾患にどう関連しているのか、そこに関心が集まったのは一九五〇年代だった。その分野の研究を先導したのがアメリカの生理学者で病理学者のアンセル・キースだが、彼が研究界の外でも名を知られるようになったのは一九四一年にアメリカ兵の食事計画を依頼されたからだ。キースにちなんで〈Kレーション〉と名づけられた食事は栄養価を計算したメニューだったが、あまりにもまずかったので捨てる人のほうが多かったという。

十九世紀にはすでに、血中コレステロール値が異常に高くて心臓病のリスクが極端に高い子供の存在が報告されていた。また、血管が狭くなり石灰化した箇所のプラークにコレステロールが含まれていることも知られるようになった。アメリカの心臓研究者ジェレミア・スタムラーはコレステロールが水道管につく錆のように心臓血管系にこびりつくという描写をしている。〝コレステロールが広まると、水道管の錆が原因で蛇口から水が出なくなるように、血液供給が遮断される〟。世間ではそのイメージが定着し、今でも血管が「詰まる」という言いかたをする。ホワイトチャペルの怪物があれだけ注目を浴びたのもそれが一因かもしれない。ロンドンの下水管に詰まった脂肪――それが自分たちの身体の中でも同じことが起きているという恐怖。ロンドンではそれが巨大なサイズに膨れ上がったのだ。

三つの姿をもつ脂肪

食品に含まれる脂肪には主に三つの形態がある。トリグリセリド（中性脂肪）、リン脂質、ステロールだ。最も一般的なのがトリグリセリドで、バター、マーガリン、食用油などに含まれている。人間の身体を構成するのもほとんどがトリグリセリドで、脂肪組織に蓄えられる。トリグリセリドはアルコールの一種グリセロールと三種類の脂肪酸（トリは三の意）で構成され、どのトリグリセリドにも飽和脂肪酸、一価不飽和脂肪酸そして多価不飽和脂肪酸が混ざっている。身体は炭水化物とたんぱく質からほとんどの脂肪酸を生成できるが、例外はトランス脂肪酸と必須脂肪酸のオメガ3脂肪酸およびオメガ6脂肪酸だ。

リン脂質もよく似た構造だが、違いは脂肪酸の一つがリン基やそれに結合する他の化合物になっている点だ。リン脂質は細胞膜を形成する重要な要素で、血中で脂溶性トリグリセリドを輸送するのも手伝っている。一般的なのがレシチンで、卵黄や大豆に含まれる。

ステロールは脂溶性アルコールの一種で、〝コレ〟ステロールは動物性食品に含まれ、〝フィト〟ステロール（植物ステロール）は植物性食品に含まれる。身体は一日に約一グラムのコレステロールを生成できるが、これは食事から摂取する量の二〜三倍だ。コレステロールは特に肝臓で生成され、役割は色々あるが、身体がコルチゾールというホルモンや性ホルモン、ビタミンDを生成するのにも必要になる。また、コレステロールの一部は肝臓で胆汁酸に変換される。

つまりコレステロールが関わっているのはわかっていたが、なぜそうなるのか、どのコレステロールが原因なのかは不明のままだった。キースは当時主流だった「加齢により血管が細くなる」という説に異議を唱えた。もしそうなら心臓発作が今さらこれほど問題になるわけがない。人はいつの時代にも歳をとってきたのだから。

一九一三年にはロシアの病理学者ニコライ・アニチコフが極端にコレステロール値の高い食事を与えられたウサギがアテローム性動脈硬化症を発症することを突き止めた。他の草食動物にも同じ反応が見られたが、犬だけは違った。犬の場合は食事にコレステロールが多くても問題にならなかった。通常の何倍もの量を摂取しても、体内でバランスを取ることができるのだ。犬も人間と同様に雑食動物だから、そういう意味では人間の消化器系はウサギなどの草食動物よりも犬に似ているといえる。

キースは食事に含まれるコレステロールが人間の身体にどんな影響を与えるのかに関心をもち続け、参加者に一日三グラムのコレステロールを食べさせるという実験を計画した。三グラムというと卵十五個に相当する。しかしそこまでしても体内のコレステロールには誤差のような影響しかなかった。それでもキースは人間が食べる脂肪がなんらかの形で体内のコレステロールに影響を与えている、ひいてはそれが心血管疾患の原因となるという持論を捨てなかった。そこでミネソタ州の病院の統合失調症患者で実験を行い、低脂肪食を与えた患者のコレステロール値が低下することに気づいた。そして一九五二年、ついに突破口が開けた。世界六カ国の脂肪摂取量と心臓発作で死亡した四十五〜四十九歳および五十五〜五十九歳の男性の割合の相関性をほぼ完璧に示すグラフを発表することができたのだ。

死亡率は脂肪を最も多く摂取していたアメリカがいちばん高く、日本では心臓発作がほとんど発生していなかった。

犯人にされた飽和脂肪酸

他の要因を指摘した研究者もいた。人口一人当たりの車の台数、喫煙、それにたんぱく質や炭水化物といった他の栄養素の摂取量などだ。さらに多くの国を実験に含めていくとデータは多様になった。スウェーデンとデンマークの男性はアメリカ人男性と同じようにエネルギー摂取量の約四十％を脂肪から摂取していたが、アメリカほどは心臓発作を死因としてはいなかった。

それでもキースの方向性が定着した。それは彼が影響力の強い友人に囲まれていたからというのもある。その中にはアイゼンハワー大統領の心臓専門医もいた。大統領は繰り返し心臓発作に見舞われた典型的な中年アメリカ人で、その主治医がメディアに登場して「同じ運命をたどりたくなければ喫煙をやめ、ストレスを減らし、食事の飽和脂肪酸とコレステロールを減らすように」と一般市民に呼びかけたのだ。

一九五八年、キースは本当の意味で歴史に残る実験を開始した。『七カ国の研究』でフィンランド、ギリシャ、オランダ、イタリア、日本、旧ユーゴスラビア、アメリカの中年男性を対象に体重、血圧、コレステロール値を測り、食事や喫煙についても調査した。この実験は二〇一〇年代までに六百本以上の科学論文に引用されたほど、食と健康に関する実験に強い影響を与えた。いちば飽和脂肪酸の摂取と心血管疾患による死亡に明確な関連性があることを突き止めたのだ。いちばんひどかったのがフィンランド北部で、農民や森林伐採労働者の食生活は肉とバター中心の伝統的なものだった。その結果、十年の間に男性一万人のうち九百九十二人が心血管疾患で死亡している。一方クレタ島とコルフ島ではオリーブオイルや魚といった不飽和脂肪酸の割合がはるかに高く、心血管疾患による死亡者も一万人中九人にとどまった。

アメリカの歴史家ヒレル・シュワルツは戦後コレステロールや飽和脂肪酸が悪者になったのには心理的な側面もあったと指摘している。〝まずはコレステロールがブラックリストに載り、次に飽和脂肪酸が載った。飽和脂肪酸は炭素二重結合をしない脂肪酸だ。主に動物性脂肪で、「飽和」なのは単結合のせいで他の化学物質によって分解されないから。重くて、消化しづらくて、カロリーが高くて、どろりとした脂肪だというイメージが強い。一方の不飽和脂肪酸は脂肪に溶けるビタミンA、D、E、Kを含み、軽くて元気なイメージ。その結果、ただじっとしているだけのような飽和脂肪酸が心臓発作の犯人にちがいないとされた〟。

食生活とトレーニングのインフルエンサー、マティーナ・ヨハンソンも著書『脂肪は救世主――高脂肪食で強く健康に素敵に』で飽和脂肪酸に対する恐怖は本能的なものにすぎないと分析している。〝誰だって人という種に根ざした食生活、つまり自然な食材、砂糖は控えめ、質の良い肉、有機野菜を食べるのは良いことだと思っているでしょう。しかし飽和脂肪酸となるとほとんどの人は拒否反応を起こす。（中略）ＬＣＨＦ（低炭水化物・高脂肪）ダイエットをしている人やＬＣＨＦダイエット食をつくったことがある人なら、食後のお皿がどんな風かはご存じのはず。脂がべっとりついた食器を手洗いするのは飽和脂肪酸という名の悪夢――しかしだからといって血管の中もそうなっているとは限らない〟。そもそも皿洗いをしたことのある人ならヨハンソンの言いたいことを理解できるだろう。皿の表面に固まった脂肪をこそぎ落とすという経験は、低炭水化物・高脂肪食を試さなくてもできる。それがシンクの下で水道管に溜まっていき、下水道全体を詰まらせてしまうというのも簡単に想像できてしまうだろう。

飽和脂肪酸はどれくらい飽和しているのか

脂肪の組成というのは非常に複雑だ——そもそも組成というのは複雑なものなのだが。脂肪を飽和脂肪酸、一価不飽和脂肪酸、多価不飽和脂肪酸と呼んで区別するのはあくまで簡略化しただけで、どの天然脂肪にも三種類の脂肪酸が混合している。たとえばラードには飽和脂肪酸と不飽和脂肪酸がほぼ同量含まれているし、バターの飽和脂肪酸は七十三%。ココナッツオイルは九十二%も飽和脂肪酸で、世界で最も「飽和した」脂肪酸として際立っている。

すべてトランス脂肪酸で解決？

飽和脂肪酸の他にも、研究界はトランス脂肪酸が身体に与える影響に関心を寄せた。一九六一年にはアンセル・キース他がトランス脂肪酸が健康に悪影響を与えると指摘している。しかしその潜在的な危険性は飽和脂肪酸との闘いにかすんでしまった。それにトランス脂肪酸は世界に必要とされていた——それも信じられないような規模で。健康に悪いとされたラードやヘットが店頭から姿を消した時にその穴を埋めたのが加工食品、焼き菓子、パイや粉末ソース、キャンディーなど、何カ月でも店頭に並べておける商品だったが、それを可能にしてくれたのがトランス脂肪酸だ。繰り返し加熱しても耐えられるとあって食品業界にとってはかけがえのない存在だった。それに他の油脂のようにすぐには悪くならない。その需要は留まるところを知らなかった。一九九九年にアメリカ食品医薬品局（ＦＤＡ）が成分表にトランス脂肪酸を記載することを提案した時点でアメリカ市場に出回っていたビスケットの百％、クッキーの九十五％、スナックの七十％、マーガリンの六十五％に含まれていた。

トランス脂肪酸は少量なら反芻動物の第一胃内で自然に生成される。しかし食品業界が依存しているのはそのトランス脂肪酸ではない。植物油からつくられるタイプのもので、現在では部分水素添加油脂や完全水素添加油脂という名前で消費者が目にするようになった油だ。植物油はそのままでは液体なので、「水素添加」という化学的なプロセスを踏む必要がある。液体脂肪に水素を加えて、室温でも脂肪が安定して固体になるようにするのだ。

どの脂肪酸も四〜二十二個の炭素原子の鎖で構成されていて、水素と酸素を含んでいる。脂肪が室温で液体になるか固体になるかを決めるのは成分の組み合わせ、そして水素原子の割合だ。水素原子が多いと飽和した固体の脂肪になるが、一価不飽和脂肪酸は水素原子を二つ失っていて、多価不飽和脂肪酸はもっと水素原子が少ない。

そこで水素添加技術が活躍する。油をしっかり固めるためにニッケルの触媒をスプレーし、リアクター内で水素ガスをかける。水素原子が脂肪酸に浸透すると炭素鎖が真っ直ぐになるが、完全に飽和させると石のように固くなってしまうので、その前に中断する。こうしてトランス脂肪酸は不飽和脂肪酸のように二重結合をもちながらも直鎖状になるが、トランス脂肪酸を批判する人たちによればそこが問題だという。「自然界に存在する」と見せかけて実際にはまったく別物である脂肪酸に、人間の身体はどう対処すればいいのかわからないというのだ。

トランス脂肪酸に関していくつも疑念が生じたことで、一九八〇年代にオランダ心臓財団が大規模な調査を依頼し、国内食品大手〈ユニリーバ〉がトランス脂肪酸がコレステロールの各マーカーに与える影響を調べることになった。それ以前にもトランス脂肪酸がコレステロール全体に与える影響を測定したことはあったが、今回はＨＤＬコレステロールとＬＤＬを別々に測ることになった。

その結果、トランス脂肪酸を多く摂取した人は同量のオリーブオイルを摂取した人に比べてＬＤＬコレステロール値が高かっただけでなく、善玉コレステロールであるＨＤＬの値が下がっていた。研究を率いていた分子生物学者のマルテイン・Ｂ・カタンですらこの結果に驚き、どこかで間違いが生じたのではないかと疑ったほどだ。ＨＤＬコレステロールを低下させる脂肪というのはそれまで報告されたことがなかった。

アメリカの食用油業界もその結果を受け入れようとはせず、農務省（ＵＳＤＡ）の研究所での追加実験に出資することにした。その実験は一九九四年に生化学者ジョセフ・Ｔ・ジャッドによって実施されたが、結果にケチをつけられないよう業界お抱えの研究者も参加して計画された。油脂はすべて食品大手の〈クラフト〉が提供し、男女二十九人ずつに六週間にわたり農務省の社員食堂で四種類の食事を出す。オリーブオイルを多く含む食事、トランス脂肪酸を中程度含む食事、トランス脂肪酸を多く含む食事、そして飽和脂肪酸を多く含む食事だった。

カタンの研究結果をひっくり返すという夢は打ち砕かれた。今度もまたトランス脂肪酸がHDLコレステロール値を下げ、悪玉のLDLコレステロールも明らかに上がったのだ。すると世界じゅうでトランス脂肪酸を禁止しようという声が上がった。二〇〇三年にはデンマークが初めて国として含有量の上限を設定し、その数年後にはハーバード大学の信頼できる研究グループがトランス脂肪酸を多く摂取した女性のほうが心血管疾患を発症する頻度が高いことを示した。二〇〇六年にはニューヨーク市がレストラン他のサービスでの食品に含まれるトランス脂肪酸に規制を導入し、二〇一八年には部分水素添加油脂がアメリカの食品業界で全面的に禁止された。スウェーデンを含む他の地域ではトランス脂肪酸の制限は業界の判断に委ねられている。

トランス脂肪酸が身体に良いという意見はまず聞かれないが、どれだけ悪いかということになると意見が分かれる。スウェーデン食品庁は、現在スウェーデン人が摂取しているトランス脂肪酸の量は完全に無害で、健康の観点から見ても天然のトランス脂肪酸と工業生産されたトランス脂肪酸に差はないとしている。

ケトーシス――身体を脂肪で走らせる

ケトーシスとは一言で言うと、身体がエネルギーを得るために炭水化物ではなく脂肪を燃やす代謝の状態だ。ケトン体は肝臓の脂肪から生成され全身、特に脳の燃料に使われる。それ以外に脳がエネルギーとして使えるのは血糖(グルコース)だけだ。ケトンダイエットをすると体内に備蓄された脂肪が燃焼しやすくなり、おかげで体重が減る。それに血糖値を低いまま安定させてくれるので空腹感や気分に影響されにくくなり、インスリン値も下がる。

イヌイットのように炭水化物を入手しづらい地域に暮らす先住民は昔からケトンダイエット食を食べて生きてきた。

断食や飢餓あるいはケトンダイエットをしていると、ケトン体の放出が制御された速度で進む。しかし一型糖尿病や長期のアルコール依存症の人にとっては危険な場合もある。プロセスがおかしくなって急激にインスリン不足になり、命を脅かすほど血液が酸性化するケトアシドーシスに陥る可能性があるのだ。

正常なケトーシスにもデメリットはあり、けいれんを起こしやすくなったり、口臭がアセトンのような臭いになったりする。マティーナ・ヨハンソンのアドバイスでは、けいれんはマグネシウムのサプリメントで改善でき、口臭には亜鉛が効果的だそうだ。

ヨハンソンによると、最短でケトーシス状態にたどりつく方法は高強度のトレーニングと断食、あるいは数日間脂肪だけを食べる脂肪断食だ。脂肪断食用に提案している「脂肪コーヒー」はコーヒーにバターを二十〜三十グラム溶かし、さらにココナッツオイルを入れる。よく混ぜればクリーム入りの普通のコーヒーと見た目も味もほぼ変わらないそうだ。「ココナッツエクストリーム」と名づけられたドリンクはココナッツミルク一缶とバター百グラム、好みのスパイスを熱湯に溶かして飲みやすいところまで薄めたもの。ココナッツプリンはまず脂肪の多いココナッツミルクの缶を冷蔵庫で数時間冷やし、液体は捨てて、残ったクリームをしっかりと泡立てる。ココナッツは栄養も豊富でヨハンソンのお気に入りだが、ココナッツを味わわなければいけないという義務も伴う。〝だから私はレモンを少し入れるのが好き。ココナッツの風味をかなり消してくれるから〟とアドバイスしている。

デンマークの脂肪規制の結末

デンマークの食のイメージといえば真っ赤なソーセージ、デニッシュ、ベーコン、レムラードソース、豚皮のフライだが、だからといって国民の健康にまつわる法制度がスウェーデンより緩いわけではない。見方によっては進歩的とも言えるほどだ。

二〇〇三年にはデンマークが工業生産のトランス脂肪酸を厳しく規制したことが世界的なニュースになった。新しい規制では食品に含まれる人工型トランス脂肪酸は最大二％までで、繰り返し違反した場合には最長二年の禁固刑が科せられることもある。

デンマークでトランス脂肪酸の規制を推進したのは、予防循環器学の教授スティーン・ステンダーだ。規制だけが唯一の合理的な結論だという姿勢で、トランス脂肪酸は他の脂肪と異なりデメリットを補うようなメリットがないからというのが理由だ。つまり人間にトランス脂肪酸は必要ないのだ。

デンマークでは一九八〇年以降心血管疾患による死者が七十％も減少していて、その傾向はまだ続いている。同じ傾向が他のEU諸国にもみられるが、デンマークは特に顕著だ。ステンダーによれば医療技術が向上したこと以外にも、デンマークでは厳しい喫煙禁止が実施され、政府が「運動して果物や野菜を食べよう」というキャンペーンを行ったのが大きかったという。その中でトランス脂肪酸の規制がどれだけ貢献したかは判別できないが——とスウェーデン公共テレビのインタビューで語っている。二〇〇〇年から二〇〇九年の間にデンマークの男性が心血管疾患で死ぬ確率は毎年八％減少した一方で、スウェーデンは四・五％の減少だった。二国で唯一違ったのがトランス脂肪酸の規制の有無だったとステンダーは指摘する。

デンマークでは二〇一一年にもう一つ脂肪が規制されている。飽和脂肪酸はほぼすべての動物性食品、そしてポテトチップスや加工食品など多くの工業生産食品にも含まれているため規制を導入することはできなかったが、消費を制御する効果的な手法、つまり価格設定を利用したのだ。デンマーク政府は飽和脂肪酸含有量が二・三％を超える食品に税金をかけることで、国民の健康を良い方向へ向かわせようとした。この課税は中道右派政府によって導入されたが、左派からも支持を得ていた。脂肪税は悪しき習慣を正すプロジェクトの一環で、脂肪税以外にはエネルギー税も引き上げられ、逆に良い効果につながるものに対しては減税が行われた。

脂肪税を提案した予防委員会は「十年でデンマークの平均寿命を三年延ばす方法を提案せよ」というミッションを課せられていた。税率は飽和脂肪酸の割合で決まり、バターのように飽和脂肪酸の割合が高いものは十六・七％だった一方で、二百五十グラムのポテトチップスは六％だった。ある試算によれば、この脂肪税のおかげで平均的なデンマーク人は十年で五・五日長く生きられるようになったという。目標の三年には程遠いが、それでも良い方向には向かっている。結果として税金の導入は成功だった――と経済学の教授シンネ・スミーは言う。

脂肪は体内でこのように役立つ

脂肪は身体における最も強力な燃料だ。一グラムの脂肪から八・八八キロカロリーを得られるが、炭水化物やたんぱく質は四・〇八キロカロリーにしかならない。アルコールはエタノールという形で六・九三キロカロリーだ。

脂肪は身体の中で舌や胃、そして膵臓から十二指腸で分泌されるリパーゼという酵素によって分解される。十二指腸は小腸の最初の部分で、ここで行われる活動が脂肪の吸収に重要になってくる。

膵臓のリパーゼが脂肪を遊離脂肪酸とモノグリセリドに分解し、腸壁の細胞が吸収できるようにする。脂肪は腸壁の細胞の中で再合成され、小さな脂肪球のカイロミクロンとなって細胞を離れ、リンパ管を通って血管に輸送される準備が整う。カイロミクロンは組織、特に脂肪組織に到達するとそこに結合する。そのままでは身体の中でいちばん細い毛細血管から出られないが、毛細血管壁には特別なリパーゼであるリポたんぱく質リパーゼが存在し、脂肪を再び分解する。それでやっと脂肪組織の細胞に入り、ここで再合成され、将来必要になった場合に備えて備蓄される。

身体にエネルギーを供給する時にはその脂肪が脂肪酸とグリセロールに変換されて血液に送られ、そこからさらに必要な組織へと送られていく。しかし脳、目の細胞の一部、睾丸、骨髄の細胞の一部、および血球の一部は脂肪酸を燃焼できないので、グルコースかケトン体が必要になる。ケトン体は肝臓で脂肪酸が分解される時に出る生成物で、単糖であるグルコースも肝臓である程度生成される。

結局、廃止された脂肪税

該当する食品の売り上げはすぐに減少した。飽和脂肪酸の消費は四％減り、果物と野菜が売れるようになった。スミーの試算によればこの食生活の変化で毎年百二十三人が早期死亡を回避できるという。しかも税金は収入源にもなった。

政権を引き継いだ社会民主党は選挙前に脂肪税の倍増をうたっていたが、結果的に実現されず、なんと脂肪税自体が廃止されてしまった。たったの十四カ月で。

政府が意見を翻したのは、脂肪税によって国内で力をもつ食品会社の事務作業が増えたからだった。それに税金のせいで国境を越えた売買も増えてしまった――つまり入るべき消費税がデンマークの国庫に入ってこなくなったのだ。別の批判は社会的なデメリットに向けられた。シングルペアレントが経済的に大きな打撃を受けることになったからだ。

スミーは課税によって人々の行動を制御できるかどうかを研究しているが、消費を削減したい商品を値上げする価値はありえると言う。

「税率をうまく設定すれば効果を得られます。ソフトドリンクにかけた税金が良い例で、導入された国では売り上げが減少している。しかし秤のもう一方で社会経済的な犠牲が生じるのも現実です。デンマークの産業界は脂肪税でダメージを受けたと主張するでしょう。食品によっても状況は変わります。ソフトドリンクは比較的簡単に課税できる。だけど飽和脂肪酸は各食品の含有量を調べなければいけない。そのために莫大なコストのかかる管理体制が必要になった」

脂肪税は税種としては英国の経済学者アーサー・ピグーにちなんで名づけられたピグー税に当たり、特定の商品やサービス、活動には隠れたコストがかかるという原理に基づいている。そのコストは最初から価格に含まれるべきで、後で社会が負担するのではなく実際にその商品を使用する人によって賄われるべきだという考え方だ。典型的な例が長期的には高額な医療費につながる喫煙だ。このピグー税がうまく機能すれば消費者個人が支払ったお金で目立たない社会的コストをカバーすることができる。一方でこのシステムのデメリットは正確なコストを算出するのが難しいという点だ。

さらに複雑なのが、私たちがある程度必要とする商品にこの類の課税をする場合だとスミーは言う。たとえば飽和脂肪酸は北欧諸国の栄養推奨の食事にも入っている——ただ今日私たちが食べているほどの量ではないというだけで。

「本来なら、栄養推奨に設定されている十%を摂取したらそれ以上は食べられなくなるようなチップを搭載すべき。それ以上は買えないような仕組みが必要なんです」スミーはそこで皮肉な笑みを浮かべたが、また真剣な表情になって続けた。

「食品に自然に含まれる成分や私たちが必要としている食品に規制をかけると問題が起きる。ソフトドリンクのほうが楽——ソフトドリンクにはメリットなど一つもなくて何の存在意義もないから」

食品業界のように、社会全体のための課税や規制の脅威にさらされる団体は「最善の解決法は情報提供だ」と訴える。どういうことなのかを国民がわかっていれば、決めるのは彼ら自身のはずだ。それが良い決断でも悪い決断でも。オンラインカジノで全財産を失う可能性があることをわかっていれば、それでもリスクを冒すかどうかは個人の自由なのだから。しかしスミーはその「情報」がどこまで有効な制御になるかは疑わしいと感じている。

「もちろん情報も少しは効果があると思うけれど、私たち人間はそういう意味では合理的ではない。明日こそ運動をしようと思っても、明日が今日になるともうそこまでやる気はないでしょう？ だけど値段が高いと自制心が高まるということは研究でも示されているんです」

世界保健機関（ＷＨＯ）や他国の政府も脂肪税に関心を寄せている。スミーは経済学者として一時期世界各地に赴き脂肪税についてレクチャーを行った。今のところそのような税金を導入した国は他にない。が、二〇一〇年代にはソフトドリンクや砂糖の税金が以前より一般的になっている。

健康という見地から脂肪税がマイナスだった面を挙げるとすると、デンマーク人が塩を多く摂取するようになったことだ。それも特に驚くことではない、とスミーは言う。ある商品の価格を上げれば、人は他の選択肢を探すものだ。

「脂肪や砂糖、塩にはしっかり味がある。だから飽和脂肪酸を減らした分、塩を増やすのかもしれません。また脂肪税を導入することがあれば、その時には塩の消費を制限する方法も探さなくてはね」

脂肪の代替品で便失禁

アメリカの消費者団体はこれまでに何度か食品業界が使ってもいい脂肪を変更させてきた。中でも強い影響力をもつのが公益科学センター（ＣＳＰＩ）で、最初は飽和脂肪酸をトランス脂肪酸に替えようとしたが、その後トランス脂肪酸を禁止させた。一九九〇年代には〈プロクター・アンド・ギャンブル〉社が長い年月と何十億ドルという予算をかけて開発したカロリーゼロの脂肪代替品オレストラを台無しにした。

ＣＳＰＩはロビー活動と意見構築によって、オレストラの入った製品にはすべて「ビタミンの吸収を低下させ、便失禁を引き起こす可能性がある」という警告の表示を義務づけたのだ。試験で下痢や胃けいれんを起こすケースが発覚したからだが、この表示義務は二〇〇三年には廃止された。複数のテストでその可能性は極めて低いことが示されたためだ。それでも消化器系の最後の部分で問題を起こすというイメージがすっかり定着してしまい、オレストラの売り上げが伸びることはなかった。

第七章　熱帯の木に生えるラードと大豆ロビイスト
——植物油を巡る熱い闘い

地球上には食べられる植物が五万種以上存在するが、人間が食料としているのは数百種程度だ。その中でわずか十五種類の作物が人類のエネルギー供給の九十%を支えている。国連食糧農業機関（ＦＡＯ）によれば米、トウモロコシ、小麦だけで今日の世界人口七十九億人の栄養の半分以上を担っているという。

貧しい国で収入に乏しい田舎の家庭では依然として野生の植物が重要な栄養源だ。アフリカの小さな王国エスワティニ（旧スワジランド）では一九九〇年代に入っても農作物より野生の植物から多くの栄養を得ている。しかし収穫が安定せず、空腹を満たせるだけの量を自らの手で集めること自体が大変な作業だ。それでも健康の観点からはこの食生活にもメリットがある。西洋諸国で昨今新たなスーパーフードとして注目される食材はほぼ例外なく、世界の貧しい地域で恵まれない人々が食べているものだ。ペルーのキノアやテフという草の種子からつくるグルテンフリーの小麦粉はエリトリアやエチオピアでインジェラという酸味のあるパンケーキを焼くのに使われ、日常的に食べられてきた。

地元の伝統食が西洋の典型的な食生活に移行する際はどこでも大きな話題になるが、西洋風の食生活というのは単独でやってくるわけではなく、必ず全体的な豊かさを連れてくる。インフラが向上し、住宅が改善され、医療の信頼性も増すだろう。それに食品業界を介した食品のほうがずっと魅力的だ。売るために開発されたのだから快適に決まっている。選べる人はそちらを選ぶだろうし、簡単に好きになるようにつくられた食べ物を大量に摂取してしまう。精製されたもの、甘いもの、塩辛いもの、脂肪の多いもの、消化しやすいもの——こういったハードルの高くない味の問題点は身体が長期的に必要とする抵抗力を与えてくれないことだ。

菜種油の発見

時にはホームグラウンドでそれが発見されることもある。それまでは食べ物と見做されていなかったものが突然食べ物になる時だ。スウェーデンならば過去に遡ればキノコが良い例だし、最近の例を挙げるなら菜種だろうか。今では鮮やかな黄色の菜種畑が風に揺れるのが当たり前の風景になったが、調理のために菜種を栽培するというのは比較的新しい現象だ。十三世紀以降、菜種とその近縁種アブラナの油はランプや潤滑油として使われた程度だった。ローヴ油と呼ばれていたのは、膨らんだ根の部分にローヴ〔カブの一種〕のような切れこみがあるからだ。今のような精油方法が確立したのは第二次世界大戦中に軍事的に需要が生じたからだった。一九五〇年代に登場した最初の製品は鋭い味で、エルカ酸が高濃度で含まれていた。その後エルカ酸は動物実験で心臓に悪影響を及ぼす危険性が示されたため、カナダの菜種栽培団体がエルカ酸をほぼ含まないキャノーラ油を開発した。新生菜種油というわけだ。

スウェーデンではすぐに菜種が最も一般的な採油植物になった。スウェーデンで生産されるマーガリンのほとんどに含まれ、調理油としても使われている。菜種自体は家畜の飼料としても栽培されているし、バイオ燃料にもなる。燃料を生産するために耕地を利用するというのは環境へのメリットやモラルが議論されるところだが、需要は確かにある。オーサ・レヴィエンとミカエル・ヴィンダール夫妻が菜種油の自家栽培に興味をもったのも元々は農場のトラクターに使うディーゼルに高い金を払うのが嫌になったからだが、こんなにきれいな油をトラクターの燃料なんかに使うのはもったいない――そう思い直して二〇一二年からセービィ農場でコールドプレスの菜種油をつくっている。

植物油で揚げるのはよくない？

多価不飽和脂肪酸は脂肪酸の中で最もゆらぎやすく、分解されやすい。油が「悪くなる」というのは形成される遊離脂肪酸の匂いと味が簡単に言えばうっとくるくらいまずくなることだ。そのプロセスにおいてはフリーラジカルと呼ばれる非常に高反応の分子も生成される。フリーラジカルには重要な役割があり、たとえば心臓がどのくらいの強さで打つかを調整している。一方で身体を消耗させ、老化の原因、そしていくつもの深刻な症状の原因になると考えられている。慢性的にフリーラジカルのレベルが高いと心不全のリスクなども高まる。

　これはフライドポテトを食べる時に重要になってくる知識だ。フリーラジカルは長時間加熱された油、つまり揚げ物の油などで発生しやすくなる。現在のスウェーデンでは精製植物油の揚げ油がレストランでも食品産業でも頻繁に使われているが、二〇一〇年代に複数の自治体が市内のレストランを抜き打ち検査したところ、およそ十%が使用限度を超えて「不良」とされる油を使用していた。

　菜種油には異常に高いレベルの多価不飽和脂肪酸が含まれている。特別に開発された耐熱性の高い菜種油もあるが、普通は精製菜種油を二百四十度以上で一時間以上加熱すると悪くなるリスクがある。それに健康に害を与えるトランス脂肪酸も少量とはいえ発生する。

　植物油に批判的な人々は特にこの使用方法を批判していて、より安定した飽和脂肪酸で耐熱性も高く揚げ物に適した油を使うよう勧めている。具体的には豚のラードや牛のヘット、鶏の脂、ココナッツオイルなどだ。

　なお、スウェーデン食品庁は植物油を推奨している。


一リットルの油を得るためには三キロの菜種の種子が必要になる。コールドプレスの場合、種子は機械で圧搾され、一つ目の沈殿タンクの中で徐々に油が落ちる。精製はタンクからタンクへと移動するごとに進み、最後のタンクでは四週間寝かされて固体の粒子がゆっくり底に沈んでいく。

「でも味は残る。すごく良い油だと感じられます」オーサ・レヴィエンは言う。

一方、精製菜種油の場合は菜種を加熱し、なるべく多くの油を取り出すために化学添加物を使って抽出する。色は薄い黄色で無味だ。コールドプレスの菜種油は深い黄金色で、味は収穫ごとに違うが、共通するのは「生えているもの」の風味、つまり草、木の実、干し草、命などだ。

ギリシャのコルフ島とクレタ島では食べているもののおかげで中年男性が稀に見るほど健康だ――アンセル・キースがそんな結果を発表したことで地中海食が世界じゅうで大流行した。しかしこの地中海食は制限の多い食生活だ。キースが最初に現地調査を行った時点ではこの地域も戦後の苦しい時期だったのと、カトリックの四旬節の断食期間でもあった。地中海食の特徴といえば高い割合でオリーブオイル、未精製の穀物、果物、野菜、魚を摂り、チーズやヨーグルトなど乳製品もいくらか摂取するところだ。牛乳は飲まず、ワインも一日一杯が適量だと定義されている。例外的に赤身の肉を食べることもある。ファストフード、甘い焼き菓子、炭酸飲料水、アイスクリームその他、今ではどこの海岸通りにも並ぶ「すぐに食べられる誘惑」はまだ存在しなかった。食物繊維の含有量も多く、脂肪は不飽和脂肪だった。

地中海食が健康に良いという評判を得てオリーブオイルの輸出に弾みがついた。スウェーデンのような国では二十世紀の後半にオリーブオイルは珍しいものからグルメなもの、最終的には日常的な存在にまで変化した。地中海食の流行により、他の地域的な食生活にも関心が集まった。たとえば北欧食、あるいはヴァイキング食とも呼ばれるのは、スウェーデンの大手農業協同組合〈ラントメンネン〉の栄養責任者ヴィオラ・アダムソンが考案し、ウプサラ大学の博士課程のプロジェクトとして研究が行われた食生活だ。六週間にわたるトライアルに参加した人々に提供されたのは北欧で昔から栽培されてきた食材、そしてコーヒーや紅茶など長い期間輸入されてきたものだ。その一方でバターやチーズといったタイムレスな定番品は欠けていた。つまりこの北欧食は今の北欧の食生活とも過去の食生活とも違い、「どういう風に食べることができるか」という一つの提案だ。いちばんわかりやすいのがパン（もちろん全粒小麦）に何を塗るかだが、その瞬間、参加者は新たな挑戦に直面することになった。使ってもいい油脂は菜種油か植物性マーガリンだけだったのだ。

この実験における健康への影響は良いものだった。

固体の植物性脂肪ココナッツオイルの再評価

植物油のほとんどが室温では液状だが、全部ではない。西洋ではそうした固体の飽和植物脂肪が消えつつあった。中でも最も飽和したココナッツオイルは冷蔵庫の奥に眠る銀色のパッケージという存在で、アドベントの季節がやってくるとやっとイースショコラードをつくるために取り出される。しかしそれすらやる人が減っているようだ。毎年のように食料品店で出来合いのクリスマスのお菓子が陣地を広げているのを見ているとそう思わざるを得ない。冷蔵庫の中のココナッツオイルはスナック棚のポムス・ピンネス（フライドポテトがスナック菓子になったようなもの）の同義語だと言えよう。一社だけがつくっている製品で、そこのマーケティング部門はパッケージを新装することにすら興味がないように見受けられる。

しかし二〇一〇年代には、どんな食事が最善なのかという議論に新しい方向性が加わった。飽和脂肪がほぼ全面的に黒塗りされた数十年を経て、コールドプレスのココナッツオイルが特にLCHF界隈で「良い選択肢」として紹介されるようになったのだ。植物由来のものや無添加のものを食べることへの関心が高まったのもココナッツ業界にとっては明るいニュースだった。健康食品店やジムの売店では他の商品を撤去してコールドプレスのココナッツオイルのスペースを確保し、ココナッツミルクやココナッツクリームを使ったダイエットメニューが次々と考案された。その陰で冷蔵庫の中で固まったココナッツの脂は相変わらず出番を待っている状態だった。健康という文脈においては固い脂肪は歯が立たないのだ。

ココナッツオイルは飽和脂肪酸の割合が極めて高い（九十二％）ことから、食品庁は摂取ゼロを推奨している。しかしココナッツオイルを絶賛する人々は、「主に母乳に含まれ、健康に良い効果があるとされる脂肪酸のラウリン酸が豊富に含まれている」という点を強調する。おまけにココナッツオイルに含まれる中鎖脂肪酸は体内で分解吸収されやすい。飽和脂肪酸を多く含むために加熱しても安定している。つまり相当高い温度にならないと分解されて新しい化合物が形成されないので、揚げ物などに繰り返しあるいは長期間使用することができる。

生産者にしてみればココナッツに注目が集まったことは革命が起きたようなものだった——とヴィナイ・チャンドは言う。チャンドはロンドンを拠点とする開発コンサルタントで、ココナッツ製品の加工やマーケティングに四十年の経験をもつ。二〇一一年にはEUの資金提供を受け、太平洋地域でココナッツ生産の収益率をいかに高められるかという調査を率いた。

「私の目標はココナッツという原料の価格を上げること。だが値上げすればいいというものではない。価格というのは需要に応じて市場で調整されるものだ。市場はきちんと機能してくれるんです。タイやスリランカではすでに上がっていて、もう安くは手に入らない」

世界のココナッツの大部分は油の生産に使われる。熟した茶色の殻の中にある果肉から搾った油で、料理以外にもスキンケア製品によく使われる。二〇〇〇年代には自然にほのかな甘みのあるココナッツウォーターが、人工香料やコーンシロップの入ったソフトドリンクの代替品としての地位を確立した。これで果肉だけでなくジュースも精製されるようになり、栽培者はココナッツから倍の利益を得られるようになった——とチャンドは言う。コールドプレスのココナッツオイルもココナッツパウダーも、他の原料からつくられた同等の製品と比べると割高だ。しかし需要が増えれば生産量も増え、消費者価格は下がる。チャンド自身もココナッツに夢中だという。すべてを兼ね備えた作物——ヤシの木は世話がほとんど要らないのに多くの恵みを与えてくれる。

「海岸の砂地でも育つんですよ。肥料をやる必要もない。まったく何もしなくても果実が育ち、熟して落ちる。台風やハリケーンにも耐えてくれる。ココナッツを栽培しているエリアで原子爆弾の実験があった時にもびくともしなかった。わずかな投資で素晴らしい栄養価を与えてくれるんです。

どの研究でもココナッツの中鎖脂肪酸が人間の身体に有害ではないことが示されている。以前はココナッツオイルに含まれるラウリン酸が心臓に悪い、ココナッツはコレステロールが多いから良くないといった認識があったが、今は違う。雪だるま式に関心が高まり、ココナッツが急に良いものになったんです」

大豆ロビイストの暗躍

チャンドによれば、かつてココナッツを悪者にしたのはアメリカの大豆ロビー活動だという。大豆油は四千年前にはすでに中国で生産されていた。中国だけでなく日本や韓国、インドネシアの食文化でも大豆をベースにした食品は欠かせない。たんぱく質が豊富で豆腐、テンペ、納豆、醤油といった発酵食品にもなる。

アメリカでは二十世紀に入った頃に大豆が重要な存在になった。たんぱく質と脂肪を高レベルで含み、非常に用途の広い作物でもあるからだ。他のマメ科植物と同じく空気中の窒素を固定するので土壌に窒素が豊富になり、窒素肥料をまく必要性も少ない。

現代の大豆工場では脂肪とたんぱく質を分離して大豆油と大豆粉をつくり、大豆粉はたんぱく質豊富な動物飼料になる。油からはレシチンを抽出し、食品産業では食感や粘度を調整する乳化剤として使われている。

一九二〇年にはアメリカ大豆協会（ＡＳＡ）という利益団体が設立された。当初からパームオイルやココナッツオイルなどの熱帯油脂を脅威と見做し、一九三〇年代には高い関税をかけさせた。そして一九八〇年代にまたASAの出番がやってきた。当時パームオイルとココナッツオイルは量では市場の五〜十%しか占めていなかったが、今後大きく成長する恐れがあった。しかも価格が安い。インドネシアやマレーシアから輸入されてくるパームオイルがいつ何時大豆油にとって代わるかわからない状況だった。

消費者の恐怖を煽るために、ASAのマーケティング部門は熱帯油脂を「木に生えるラード」と呼び始めた。一九八七年には人種差別的な広告も出した。片手に葉巻、もう片方の手にはココナッツのカクテルをもったアジア人のお偉いさんが、パームオイルの樽の隣でポーズをとっている。そこには〝あなたのビジネスを破綻させる男〟という文字が躍る。しかも熱帯油脂を飽和脂肪に分類させようとしたため、主要生産国はパニックに陥った。ニーナ・タイショーツのルポルタージュ本『ビッグでファットなサプライズ』でも、マレーシアのパームオイル研究所所長で化学の教授タン・スリ・オーガスティン・オングが「パームオイルに関して科学的根拠に基づいた意見を述べることにしている」と発言している。マレーシアではパームオイルのイメージが西洋とはかなり異なり、β-カロテンとビタミンEが豊富で、血栓の予防効果もあることが実験で示されている。他の植物油と同様に総コレステロール値を低下させもする（他の飽和脂肪酸はコレステロール値を上昇させる傾向があるが）。パームオイルはその上安定していて腐敗しづらい。オングはまた、パームオイルとココナッツオイルは東南アジアでは古くからある基本食材だが、心血管疾患が大きな問題になったことはないという点も指摘している。

パームオイルを産出するアブラヤシは西アフリカ原産の頑丈なヤシで、高さ三十メートルにもなり二百年生きる。オレンジ色の果実が房になって木のてっぺんに実り、油は種からも（パーム核油）果肉からも抽出できる。同じ土地面積で菜種やヒマワリの四〜九倍、大豆に比べるともっと油が採れるのだ。他の油脂植物ほど水や肥料も要らず、農薬も少なくてすむ。二〇一〇年代には推定四百五十万人が東南アジアでアブラヤシ栽培によって生計を立てており、その四十％が小規模農家だ。

パームオイルのネガティブイメージ

スウェーデンでパームオイルと言えばネガティブなイメージばかりだ。新しくプランテーションをつくるために熱帯雨林が伐採される。野生動物は死に、人間も家を追われている——そんなイメージが確立されたのは、ＥＵが予算を出したプロジェクト〈マートルスト〉でグンナル・ルンドグリエンが提出した報告書の影響だ。多くの国で積極的に行われてきた植民地化政策が森林破壊につながっているという。十九世紀から二十世紀にかけてはスウェーデン政府もノルランドの内陸部を移住民に提供したし、アメリカ政府も大草原を分配したが、ブラジルも土地をもたない貧しい人々に熱帯雨林を無償で配布している。インドネシアでは長い間、国内での植民地化が活発に推進されており、数百万人のジャワ族やマドゥラ族が開発の遅れた地域に移住させられてきた。森林その他の土地をアブラヤシやゴムのプランテーションに変貌させるのはこうした国内移民の仕事を生み出す手段だった——とルンドグリエンは書いている。つまり森林破壊の原因が栽培そのものなのか、作物の需要なのかの判断がつかない状況なのだ。

スウェーデンの食料品店ではパームオイルは基本的にどれもRSPO認証されている。RSPO（持続可能なパームオイルのための円卓会議）というのは二〇〇〇年代に熱帯雨林の開発が大きく問題視されたのを機に導入された自主認証で、森林伐採や児童労働、社会紛争を阻止することが目的だが、ある程度の森林伐採や除草剤パラコートの使用は容認している。パラコートは肺や皮膚、目に損傷を与え、最悪の場合は死に至ることもあるためEUでは使用が禁止されている農薬だ。中毒を起こした場合にも解毒剤はない。そのためRSPO認証は不充分だとして各方面から批判を受けている。

「私の目から見るとRSPO認証は単なる紙切れで、現実的な対策ではない。モノカルチャーや森林伐採、その他様々な問題が依然として残っている」インドネシアの環境団体〈ワルヒ・リアウ／フレンズ・オブ・ジ・アース〉の代表リコ・クルニアワンもスウェーデン公共テレビにそう語っている。

多くの生産者がより厳しい要件を求める中、さらに高レベルの厳格なRSPO認証も存在してはいるが、それでも充分ではないという声も上がっている。たとえばスウェーデン自然保護協会はもっと大幅に厳格化するよう働きかけている。

パームオイルは健康の観点からも疑問視されてきた。二〇一六年にはEUの食品安全機関（EFSA）が精製パームオイルには発がん性物質が含まれていて、腎臓や睾丸に損傷を与える可能性があると警告した。この問題は不要な味や臭いを取り除くために油を加熱する時に発生するが、それはパームオイルだけでなく精製中に加熱する植物油はどれも当てはまる。しかし有毒なグリシジルエステルがパームオイルに最も高い割合で測定され、二〇一八年には離乳食や植物油脂のグリシジルエステル値に制限が設けられるようになった。

こういった数々の否定的な評判により、ヨーロッパでは食品業界から事実上パームオイルを追い出した国もある。それでもパームオイルは依然として世界で最も供給されている植物油で、スウェーデン市場、いやヨーロッパ市場の規模など微々たるものだ。パームオイルのほとんどが東南アジア、インド、サハラ以南のアフリカで消費されている。〝砂糖や塩のように、パームオイルはいちばん貧しい人たちが買う商品だ。値段の割に多くのエネルギーを与えてくれ、単調な食生活に風味を与えてくれるから〟とルンドグリエンも書いている。

実際に存在する、あるいは存在するかもしれない問題に加えて、パームオイルはASAのような団体によってさらに悪い評判を立てられてきた。これは何もASAだけの話ではなく、食品生産業者は常に製品を戦わせている。スウェーデンでも、力のある乳業業界がこれまでに何度も競合相手に対してすごんでみせた。一九三〇年代には乳製品製造業者のロビー団体〈ミョルクプロパガンダ（牛乳プロパガンダ）〉が清らかな白い牛乳を飲むのは健康的で、スウェーデン人らしくもあると主張し、その対極に据えられたのが輸入品の黒いコーヒーだった。二〇一〇年代には「牛乳に似ているが、人間のためにつくられた」と謳った植物性飲料の製造業者を提訴している。

熱帯油脂に対する大豆ロビー活動は「健康問題を装った貿易キャンペーン」でしかないとオングは指摘する。ココナッツオイルを飽和脂肪酸として分類する試みは阻止されたが、悪い面が注目されるあまり消費者からも強い圧力がかかり、食品業界が自主的に熱帯油脂を排除するようになった。代わりに使われるようになったのが部分的に水素添加された大豆油——つまりトランス脂肪酸だ。それから数年経ち、やはり熱帯油脂を飽和脂肪酸に分類すべきなのではないかという議題が議会に上がりそうになった。そこでオングはアクセルを踏んだ。一連の新聞広告を打ち、最近使用が増えている大豆油の七十%が完全水素添加あるいは部分水素添加されている、つまりトランス脂肪酸だらけだということをアメリカ国民に知らしめたのだ。

ASAはやっとキャンペーンを中止した。

波に菜種油を流す時

古くから、怒りを鎮めるために「波に油を流す」という表現があるが、油には本当に波を鎮める効果がある。今から約二千五百年前にはアリストテレスが波を鎮めるために油を使う様子を描写している。潜水夫がまぶたに油を塗ると海の表面が鎮まり、太陽が海の底まで届いたというのだ。

一九九〇年代になると多くの国で貨物船や救命ボートに「嵐油」を搭載することが義務づけられた。使われたのは菜種油や魚肝油で、嵐の中で救助活動を行う際には油を流して波を抑えた。効果はすぐに現れる。瞬く間に油が海面に広がり、風が絡みにくくなって波が鎮まるのだ。また波自体のエネルギーも弱めてくれる。

第八章　結局、脂肪を摂ると太るのか痩せるのか

スポーティーな黒いサングラス以外、芸術家マルコ・エヴァリスティは全裸だ。カメラがその右尻をアップで捉える。尻に引かれた黒い線は針を刺して脂肪を吸い出す部分だ。

次の場面ではエヴァリスティが大きな日本製の包丁で玉ねぎを切っている。場所はルーフテラスで、空は曇っている。透明な容器の中には吸引された脂肪が入っている。少し血が混じってピンクのような赤だ。量は一デシリットルほど。エヴァリスティはそのどろどろした脂肪をボウルの中でひき肉、玉ねぎ、セージ、キノコと混ぜ、大きなミートボールに丸めていく。オリーブオイルで焼いてトマトソースで煮込むのだ。そしてテーブルについた。パラソルが開いているのは雨が降り始めたせいだ。皿にはスパゲッティが見えている。ミートボールとトマトソースとパルメザンチーズ。それに赤ワイン。「いや実に美味だ」エヴァリスティはミートボールを何度か口の中で噛んでみてからそうコメントした。ポルペッテ・アル・グラッソ・ディ・マルコ――マルコの脂肪でつくったミートボール。エヴァリスティは自分の芸術作品をそう名づけ、動画に残し、

料理の残りも保存された。

　自分自身を食べるという行為はカニバリズムの極致だ。しかし幼い子供は普段からやっている。自分の鼻水を食べている――大人なら遠慮するだろうが。それはある種人間としてのタブーで、そのタブーを破るには自分自身で食物連鎖を一巡させるしかない。

　マルコ・エヴァリスティはチリ生まれで、一九八〇年代からデンマークに住んでいる。芸術家として現代社会のタブーや偽善に関心を寄せ、議論の的になるような作品をつくることで巧みに光を当ててきた。中でも世間の反発を呼んだのは二〇〇〇年の展覧会で、いくつも並んだミキサーの中に泳ぎ回る金魚を入れておき、来場者に金魚を裁断するよう促した作品だ。デンマークのコーリンにあるトラポルト美術館の館長は、展示室のミキサーの電源を抜かなかったという理由により起訴されたが無罪になった。エヴァリスティはその騒ぎに「現代の道徳観を考えるとまるでシュールレアリスムだ」とコメントした。美術館で金魚が死にさらされるよりもはるかに悪いことが世間ではいくらでも起きているのに――しかしそれを目にする必要に迫られないかぎり何もなかったことにできるのが人間なのだ。

　二〇〇六年のポルペッテ・アル・グラッソ・ディ・マルコは、エヴァリスティが不健康だと考える食生活や体重への執着がインスピレーションの源になっている。「私の脂肪が入ったミートボールは店で売っているミートボールより〝気持ち悪いもの〟ではない。しかも今は食べるために生きる社会になってしまった。本来なら生きるために食べるはずなのに。そこに光を当てる手段でもある。我々は食べ、太ったらクリニックに行って脂肪吸引をして、さらに食べ続ける」ロイターネット通信のインタビューでそう語っている。

従来の脂肪吸引では生理食塩水を注入するか超音波を当てて脂肪を溶解し、負圧をかけながら細い針で脂肪を吸引する。レーザーを使うこともある。

除去された脂肪細胞は再生しないが、齧歯動物（！）の脂肪を吸引した実験では、すぐに脂肪吸引前と同量の体脂肪が別の箇所についた。二〇一一年にはアメリカの研究者によってその現象が人間にもみられることが発表された。臀部に小規模な脂肪吸引を受ける女性の身体をスキャンし体重を測定しておいたところ、一年後には施術前と同じだけの脂肪が戻っていた。脂肪がついたのは肩、二の腕そしてお腹回り――最後のは非常に悪いニュースだった。腹部の肥満は健康リスクに関わってくるからだ。

既存の金持ちだけが得をする

今のスウェーデンでは食品庁を通じて健康で長く生きるために飽和脂肪酸の摂取量を減らす努力を促している。食生活に関するアドバイスや鍵穴マーク認証の導入は国民を正しい方向に導くことが目的だ。しかし時間を巻き戻すと、国の食品市場に対する関心は国民の健康のためではなく国家の経済や危機における食料供給、あるいは自分たちの利益を保護するのが目的だった時代もある。たとえば一五七五年五月にはその後何度も施行されることになる「豊かさに関する規制」の第一号が施行された。今後は高価な素材の衣服の着用を許されるのは貴族の女性のみとする規制だ。〝いかなる非貴族の女子もベルベットの帽子、ベルベットのセーターあるいはスカートを着用してはならない〟。当時ベルベットは輸入品で、優れていることを見せびらかす必要のない人には贅沢だと考えられていた。次に結婚式、葬式、そして子供の誕生を祝う飲酒の場での食べ物や飲み物が規制され、その後は砂糖、コーヒー、チョコレートに関する規制も設けられた。

つまり豊かさは一般人には不要だとされていただけでなく、自分の立場以上の暮らしをすることが問題視されたのだ。抽《ぬき》んでようとする行為は社会秩序を脅かし、個人のモラルを低下させる。これぞ「贅沢の罠」――。一七四九年には近代主義者のオロフ・フォン・ダーリンが道徳の見解についてこんな意見を述べている。「人は自分の条件を超えるものを贅沢と呼ぶ。農家は週に一杯のワインでも贅沢だが、商人は一度の晩餐でシャンパンやブルゴーニュワインを百本空けないと贅沢にはならない。すなわち贅沢とはそれ自体ではなく、状況に応じたものである」

その後身分制議会は廃止され、普通選挙権の歴史も百歳を迎えたが、暮らし向きの良い国民が責任をもつ――それによって得をする――という見方は今でも生き続けている。実際、大人向け教育リアリティ番組『贅沢の罠』、『ベビーシッター救急』、『ビゲスト・ルーザー』（肥満の人たちがダイエットで競い合うリアリティ番組）では参加者はほぼ例外なく低所得者層から選ばれている。

特にその価値観が明確になるのが肥満だ。太っていることはステータスを下げる。問題視されるのは体重だけでなく、本人が体重に対処できていないこと、つまり自制心がないと思われてしまうのだ。中でも不運なのが女性だ。この社会では男が選び女は選ばれるから、女性は自分の外見を既存の枠内に収める努力をする羽目になる。一方、男のほうはふくよかさを他の種類の力、主に経済力などである程度補うことができる。社会学者のローランド・パウルセンが二〇一〇年にオンラインデートの経験者を対象に行った調査では、太りすぎの男性ですら太りすぎの女性を避ける傾向があるという。

〝肥満に関しては冷淡な反応ばかりだった――他の要因にはそれは見られない。説明するのは難しいが、こと体重に関しては確固としたモラルが存在する。自ら選択した結果だとされるからだ〟。

採用に関するスウェーデンの研究でも、法的に差別根拠となる性別、性的指向、障害、年齢、民族、宗教といった要因よりも、肥満が就職を困難にすることがわかった。体重は性格テストそのものなのだ。太っている必要などないのになぜ太っているのか。体重を楽に維持できるかどうかは個人差がある、そのことは何度も研究で証明されているにもかかわらずだ。過度に豊かな社会では体重が増える、それが人間の身体の仕組みなのに。

二〇一六年にはアメリカで減量リアリティ番組『ビゲスト・ルーザー』の二〇〇九年版に参加した人たちを追跡調査した結果が発表された。六年の間に十四人中十三人の体重が増えていて、しかも四人は撮影前よりも増加していたのだ。

この研究で最も注目されたのは参加者の代謝が低下したという点だった。複数のケースで一日あたり一回分のちゃんとした食事に相当するだけの代謝が低下していた。同時に満腹を知らせるホルモンであるレプチンの生成が減っていた。以前太りすぎだった参加者たちはまた太らないよう体重を維持するために、身体が望むよりも少ない食事で生きることを強いられたのだ。どうやら身体には快適な体重というものがあるようだ。それより減らそうと手を尽くしても、内部から巧みな抵抗に遭ってしまう。

「太らないように体重を維持する難しさの差は生物学的なもので、アメリカ人の三人に二人が病的なまでに意志が弱いわけではない」医師で肥満専門家のマイケル・ローゼンバウムはニューヨーク・タイムズ紙でそう述べている。

燃焼の謎

身体がどのように栄養を吸収するのか、どのように空腹感や満腹感を感じるのかは、長い間科学者を悩ませてきた謎だった。なぜ食べるものによって満腹の度合いが変わるのか。生野菜は噛むのが大変だから大量には食べられず、そのせいでランチがサラダだけだと後ですぐにお腹が減るのだろうか。

それに比べて噛みやすくて脂肪の多い食事、たとえばチーズ、バター、ハム、クリームがベースになったキッシュロレーヌだと満腹感が少し遅れてやってきて、その時にはすでに食べ過ぎてしまっている。

いったい何が起きているのかと想像を巡らせるのは楽しい——特にパルトのように重い料理を食べてひどい眠気に襲われている時には他にできることもないし。しかしその問いを突き詰めるには、気合を入れ直して測れるものを測らなければいけない。

サントーリオ・サントーリオは一五六一年に現在のスロベニアに生まれた。彼が後に歴史に名を残すことになったのは定量的手法を医学に導入したこと、そしてそのために非常にマニアックな努力を重ねたことによる。医師としてベネチアで診療所を開いていたが、患者を診ていない時には体温計や心拍数を計る機器の開発に勤《いそ》しみ、身体機能——特に自分自身の身体の研究に没頭した。三十年間毎日自分の体重を測ったのだ。その体重計は椅子とテーブルを使って特別にあつらえたものだった。サントーリオは便や尿が飲み食いしたものより軽いのはどこかで蒸発したせいだと考えた。そしてその蒸気がなんらかの理由で身体に残ってしまうと病気になるのではと疑ったのだ。

そこから代謝の研究が始まったが、燃焼の基本原理すら解明に時間がかかっていた。十八世紀の西洋で主流だった理論といえば、可燃物はどれも仮説上の物質フロギストン（可燃性または燃えたという意味のギリシア語からきている）を含んでいるというものだった。フロギストンは存在するはず、なぜなら何かが燃えた時に残る灰は元の物質よりも純粋だから——そのように考えたのだ。一七七四年にはイギリスの科学者ジョセフ・プリーストリーが酸素という元素を発見したが、だからといってフロギストン探しに終止符が打たれるわけでもなかった。

その数年後にはフランスの化学者アントワーヌ・ラヴォアジエと妻マリー＝アンヌが特別にあつらえた容器にモルモットを入れた。この実験は燃焼時に酸素が果たす役割の解明に大きく寄与することになった。

ラヴォアジエは人間や動物も炎と同じように自分を温めていることに気づいていた。そして換気が悪いと炎が消えるように、人間や動物も時間の経過とともに密室内の空気を窒息するような気体に変えてしまう。この頃には、決まった量の氷が溶けて水になるには熱がどれだけ必要かということもわかっていた。次なる問題は人間や動物が発する微量の熱をどうすれば測定できるかだ。そして開発されたのがラヴォアジエと博物学者ピエール＝シモン・ラプラスによる氷熱量計だ。

氷熱量計はオフィスや待合室にあるウォーターサーバーのような形で、底に蛇口がついている。しかし中は水ではなく容器が三重になっていて、いちばん外の容器には雪を入れ、氷の入った内側の容器を断熱する。いちばん内側の容器にモルモットがいた。実験では十時間後にモルモットを取り出した時には一キロ分の水が流れ出ていた。ラヴォアジエはモルモットが約八十キロカロリーを放出して氷を溶かしたと試算し、モルモットの呼吸により酸素が二酸化炭素と熱に変換されたとも推測した。

ラヴォアジエはフランス革命の余波で処刑されたが、その後は他の科学者が燃焼のメカニズムを突き止めるために様々な動物を実験に使った。炭水化物と水のみを与えられたガチョウは二十七日後に死亡した。生肉を与えた犬は元気に生きていたが、砂糖と水、あるいはゴム液だけを与えられた犬は衰弱して死んでしまった。部分的にとはいえ次第にパターンが浮かび上がってきて、それが十九世紀半ばにドイツの化学者ユストゥス・フォン・リービッヒによってまとめられた。リービッヒは食料品業界のスターで、革新的な化学肥料を開発したり濃縮牛肉エキスを大ヒットさせたりしている。

人間のニーズに関して言えば二種類の栄養素が必要だと考え、窒素含有物質と窒素非含有物質と呼んだ。前者は身体を形成し、硫黄と窒素を含むのが特徴で、植物性フィブリン、植物性アルブミン、肉および血液を含む。後者には窒素は含まれないが、身体の熱発生に寄与している。そして脂肪、でんぷん、ゴム（！）、砂糖、乳糖、ペクチン、ワイン、ビール、蒸留酒などが含まれる。窒素含有物質は肉が主で、窒素非含有物質は脂肪が主だった。

スウェーデンでは医師のアウグスト・アルミエンがドイツからその知識を伝えた。医薬品委員会の事務局長として国立機関で提供される食事の責任者だったアルミエンは、リービッヒの栄養論理に従って炭水化物よりも脂肪を優先した。貧しい労働者ですら何らかの形で脂肪を含む食べ物を手に入れようとするその貪欲さと犠牲を厭わない姿勢を、脂肪が食事において「必要で必然」だという証拠だと考えたのだ。

脂肪は満腹感を与えてくれる。一連の研究でも低脂肪の乳製品を食べると同じ満腹感を得るために量を多く食べてしまうことが示されている。総カロリーは結果的に同じかそれ以上になるのだ。そのカロリーが脂肪ではなく糖からきているというだけで——これは高脂肪食の支持者がよくもち出すロジックだ。全脂肪食なら食べすぎる前に食べるのをやめられる。必要な分は摂取したと身体が認識するからだ。

世界にダイエットを広めた葬儀屋

医学について初めて書き残された時代から、肥満は医学的な問題だと見做されていた。ギリシアの医師ヒポクラテスは二千五百年前に〝肥満はそれ自体が病気ではないが、他の病気の前兆になる〟と書いている。〝突然死は、痩せている人よりも自然に太っている人に多く見られる〟。何が肥満――あるいは「多くの穴」を意味するギリシア語にちなんで長い間ポリサルシアと呼ばれていた状態――を誘発するのかについては様々な憶測が飛び交い、十九世紀に入っても血液が過剰だと肥満になるという説が広く普及していた。

脂肪を体外に排出しなければならないと考えた者もいた。一七五七年にはスコットランドの医師マルコム・フレミングが講演で肥満の同僚を治療した方法を語った。水に溶かした植物性石鹸を毎日小さじ一杯飲み三カ月で十五キロ落とすことができたのだ。フレミングによると、衣服を洗濯すると汚れがとれて白くきれいになるのと同じで、石鹸が余分な脂肪を溶かして身体から排出してくれたということだった。

その百年後、イギリスの医師ウィリアム・ハーヴィがパリを訪れ、スター生理学者のクロード・ベルナールの講義を聞いていた。ベルナールは熱や消化といった身体の基本的な調節機能に関する重要な発見をいくつもしている。消化が小腸でも一部行われ、グルコースが体内で安定して流れるには肝臓が重要であることも示した。生体解剖、つまり生きた動物を切断するという手法を取っており、そこから医学的な洞察を得ただけでなく、離婚にもつながった。動物をどれほど恐ろしい目に遭わせているかに妻が気づいたからだ。

そんなベルナールは肝臓がグリコーゲンを生成することにも気づいたが、ハーヴィはそれをさらに糖尿病の症状である体重減少と、家畜を屠畜前の仕上げに穀物で肥育するという事実とを結びつけた。つまり――炭水化物を減らせば体重が減るはずだと。

何をやったかは大事なのか？ 体重と遺伝と環境

スウェーデンの双生児データベースは一八八六年以降に生まれた双子が十万組登録されていて世界有数の規模を誇り、健康や行動に遺伝や環境がどう関わってくるのかという研究の重要な情報源となっている。一卵性双生児というのは同一の遺伝子をもち、二卵性双生児はゲノムの約五十％を共有している。その中には幼いうちに引き離され別々の家庭で育った双子もいて、一緒に育った双子と比較することで、ある特徴が先天的なものなのか環境によって獲得されたものなのかを判別することができる。

一九八四年には存命中の双子で別々の家庭で育った全員、そしてそれと同数の一緒に育った双子に体重や身長などを尋ねる調査票を送った。数年後にペンシルバニア大学の研究者らが回答をまとめたところ、体格指数（ＢＭＩ）つまり身長と体重の比率は主にもって生まれたものだということが判明した。また、一卵性双生児のほうが体重調節という点でも二倍似ていた。アメリカとノルウェーの双子研究でも同じ傾向が示されている。

しかしこれは体重が完全に先天的なものだという意味ではない。そうだとしたら何を食べたか、どのくらい運動をしたかはまったく関係がなくなってしまう——とはいえ遺伝子は重要だ。

二〇一六年にはウメオ大学の研究者らが、双子の一人のＢＭＩが高くても、スリムなほうのきょうだいよりも心臓発作や死亡のリスクが高いわけではないという結果を発表した。この研究は遺伝子的に同一な双生児四千四十六組を対象にしていて、なんとBMIが低い双子のほうが心臓発作や死亡率がわずかに高いくらいだった。体重差が大きく、重いほうの双子のBMIが三十を超えていた場合でも、死亡や心臓発作のリスクがもう一人より高いということはなかった。

一方で肥満と二型糖尿病の発症リスクには明らかな関連があった。

しかしこの研究は痩せたほうの双子が多く喫煙していたという要因を充分に考慮しなかったとして批判された。喫煙は心血管疾患の危険因子として知られている。しかもBMIという指標も近頃では疑問視されてきている。体重のどの程度が筋肉なのか脂肪なのかは関係ないし、脂肪が身体のどこについているかも考慮されない。尺度としてより適切なのはヒップとウエストの比率だとする専門家も多い。腹部の肥満は健康リスクに最も明確に関連しているからだ。つまりウエストの寸法がヒップより大きいのは良くないということになる。

ロンドンにあるハーヴィの診療所に、葬儀会社を経営するウィリアム・バンティングという男が足を踏み入れた。いや踏み入れたというと不正確で、足を引きずって入ってきた、とするほうがバンティング自身が感じていた現実に近い。三十歳を過ぎた頃からバンティングは肥満に苦しんできた。心底苦しんでいたのだ。彼が「邪悪」と呼んだ余分な体重は執拗な敵だった。今では六十五歳になり、順調な家族経営の会社で社長の座を退いたところだった。十九世紀から二十世紀にかけては王室御用達の葬儀会社だったのが、バンティングの天才的なひらめきで事業を一般に広げて成功した。悲しくも豪華な行事を好む人々の役に立つビジネスだ。しかし次は自分の番ではないかと危惧していた。

バンティングは身長百六十五センチながら体重が九十二キロにも及んでいた。ここまで太ると靴紐も結べず、階段では膝に負担がかからないように後ろ向きに降りるしかなかった。眠りも浅く、動悸と息切れがする。聴力もどんどん悪くなり、それでハーヴィの診療所を訪れたのだった。「あなたは太り過ぎです」ハーヴィはそう告げた。「脂肪が片方の外耳道を圧迫している。体重を減らさないと」

バンティングが太り過ぎだと言われたのは初めてではなかった——今までにも同じことを言われ、数えきれないほどのアドバイスに従ってきた。冷たい風呂にも熱い風呂にも入ったし、何時間も乗馬をして、何キロもボートを漕いで、食べる量も減らし、カリウムを飲み、各地の保養地に滞在した。しかしどれも役に立たなかった。唯一の変化は体重がさらに増えたことくらいで。

しかしハーヴィはバンティングを納得させることができた。自分が飼っていた馬の話をしたのだ。その馬はとても太っていて「馬の大腹病」だと診断されたが、それがどういう病気であれ診断は間違っていた。単に食べている餌が悪かったのだ。干し草ではなく穀物を食べていた。バンティングの健康問題を解決するにはその馬と同じように考えなければいけない。穀物その他の炭水化物を避ければウエストのサイズを制御できるようになる。ハーヴィはメニューを書いて渡した。

九時に朝食：百二十～百五十グラムの牛肉、仔羊肉、腎臓、茹でた魚、ベーコンあるいはハム（豚肉や仔牛肉は避ける）、ミルクなしの紅茶またはコーヒー一杯、ビスケットあるいはトースト一枚。

十四時に昼食：百五十～百八十グラムの魚（サーモン、ニシン、ウナギ以外）あるいは肉（豚肉や仔牛肉以外）、野菜（ジャガイモ、パースニップ、ビーツ、カブ、ニンジン以外）、無糖のフルーツのコンポート、トースト一枚、赤ワインまたはシェリー酒二～三杯。

十八時に軽食：茹でたフルーツ百グラム、ビスケット二～三枚、ミルクや砂糖を入れない紅茶。

二十一時に夕食：昼食と同じ種類の肉または魚を九十～百二十グラム、必要なら寝酒としてジンのグロッグ、ウイスキー、ブランデーまたは赤ワインを一～二杯。

炭水化物が少なく、たんぱく質と脂肪が豊富な食事だった。アルコールを断つわけでもなく、経済的に豊かな人間向けのメニューだ。

その結果バンティングは十二カ月で二十一キロ痩せ、一八六三年にはこの食事法を小冊子『市民に宛てた肥満についての書簡』にまとめて無料で配布した。その冒頭で、バンティングは〝人間を襲うあらゆる寄生虫の中で最もストレスの強いのが肥満だ〟と評している。小冊子は版を重ね、間もなくバンティング（Banting）の名にちなんで bant という動詞までできた。英語からはそのうちに消えてしまったが、スウェーデン語では今でもダイエットすることを banta と言う。

バンティングのメニューは二十一世紀に流行した低炭水化物ダイエットとそれほど違わない。同じ考えの人は他にもいて、ドイツの医師ヴィルヘルム・エプシュタインも一八八二年の著書『肥満と生理学的法則に基づく治療について』の中で、フォアグラのパテなど〝太った美食家をくすぐるような〟ある種の脂肪分は許可してよいとしている。〝肉に関してはいかなる肉も禁止しない。肉の脂肪も避けるのではなくむしろ摂るべき〟、その代わりに〝炭水化物、砂糖、あらゆる種類の甘いものは制限する〟。

肉や魚といったたんぱく質に重きを置いただけでなく、ワインも奨励されている。これは階級と性別を反映した食生活だと民族学者のフレドリック・ニルソンが『脂肪のクッション——肥満、男らしさ、階級の文化史』に書いている。

悪者になった脂肪

情報が残っているかぎりの過去に遡ると、肥満に対する批判はあるにはあったが、ふくよかさには威厳も宿っていた。グスタフ二世アドルフやカール十世グスタフといったスウェーデンの王たちはたっぷり膨らんだお腹で自分の力だけでなく国としての強さや権力を見せつけた。しかしブルジョワの力が強まるにつれてその魅力は薄れていった。近代的な人間には自制心があり、身体をいくらでも膨らませたりはしない。商人、町民、医師、弁護士といった層が成長し、ニルソンの言葉を借りると、〝責任感があり、合理的できちんとしていて、規律正しい人間だと自分を見せること〟で社会的影響力を得ようとしたのだ。〝彼らの目から見ると原始的な労働者階級、退廃的な貴族の上流階級、それに滅びつつある農民文化とは一線を画すために〟。

一九〇一年に徴兵制が導入されたのも、最近の若者がいかに怠惰で贅沢になったかという議論があったからだ。なお、これは人口の大部分が栄養失調だった時代の話だ。一八六七～一八六九年に不作による深刻な飢饉に見舞われ、何万人もの命が奪われてからまだ数十年しか経っていなかった。それでも〝衰弱、贅沢、脂肪が伝染病のように広がっている〟と考えられていた。若者、男そして国家が危機に瀕しているという懸念は国家防衛に関してだけではなかったともニルソンの著書に書かれている。この時代の体操やサウナへの関心は「健全な身体が健全な国民をつくる」という思想に根ざしていた。身体の脂肪や悪いものは洗い流すか、汗と一緒に出せばいいという考えかたが浸透していたのだ。フレミングの石鹸治療のような不健康な下剤、催吐剤、利尿剤が数多く出回った。ヒ素は特に人気があった——すぐに効果が出るから。

新しいスマートな男たちは化学という分野での新発見にも後押しされた。それがたんぱく質だ。〝たんぱく質は軽くてモダンで、活動的で、反応が良く、機敏で合理的。一方の脂肪やでんぷんは重く、時代遅れで、消極的で、怠惰でセンチメンタル。たんぱく質には大事な仕事があり、それをちゃんとこなす。脂肪やでんぷんはリラックス、役立たず、ノスタルジーといったイメージにつながる。この対比が十九世紀後半に普及した食事法の多くに反映されていた。（中略）今やダイエットをする人は軽くも強くもなれるというイメージが生まれた〟。ヒレル・シュワルツは『永遠に満足することがない』で栄養素の二極化をこのように説明している。

男にとってはダイエットが意志を伴う行為だと捉えられた。〝男性がダイエットをするのは軽くなり、自分自身を解放するという道徳的な行為だった〟。しかしこの行動力のハードルはかなり低く設定されていたとも言える。一九一〇年代にはアメリカのヘルス起業家ホレス・フレッチャーが「噛むことこそが健康につながる」と提唱した。何もかも、液状になるまで噛む。いや、それでも充分ではなく、牛乳やスープまでも歯ですり潰すのが勝利への道。通常の食事ならば積極的に噛む時間を三十分はかけること。この執拗な咀嚼「フレッチャーイズム」は広く実践された。アメリカの大統領ハーバート・フーバー、作家のヘンリー・ジェイムズやフランツ・カフカもこのフレッチャーイズムの熱狂的な支持者だったという。

しかし女性が体重を減らそうとすると状況が違った。〝それでは……と太りすぎの女性に目を向けると、女性の減量はやりすぎで誤った儀式という認識だった。女性の体重は思春期、結婚、妊娠、閉経と変化していくもので、体重の減少は体液や内分泌、分泌物といった用語を使って語られるものだった。あたかも子宮と胃が一卵性双生児であるかのように〟。

この女性蔑視の概念は身体についてだけではなかった、とニルソンは論じている。「国民の家」スウェーデンでの女性の役割は家庭、夫、子供の世話をすること。女性は母として妻として、夫の体型が崩れる原因にされた。〝肥満という疫病の根源は謎に包まれているが、明確な原因が存在することもある。それは母親だ〟。上級医師のベッティル・シェーヴァルが一九五三年に『痩せろ！　肥満についての本』の中でそのように結論づけている。子供を愛せない母親は食べ物でそれを補うという主張だった。

高脂肪で栄養失調に？

二〇一六年二月二十六日金曜日の朝九時、ヴェステロースにある看護学校の講堂にリサ・セーデシュトレームが登壇した。背後のスクリーンには論文「高齢者の栄養スクリーニング。栄養失調の危険因子およびその影響」の一ページ目が映っている。セーデシュトレームの視界には緑のフェルトの椅子がなだらかな傾斜になって広がり、その半分程度が埋まっている。携帯電話のカメラを向けている人もいる。博士論文の発表は人生の重要な節目であり、何年もかけたデータ収集、統計分析、レポート執筆といった作業の集大成でもある。セーデシュトレームは自分の専門知識に自信をもっている。論文反論者に対してもしっかり自分の結論を弁護できるはずだ。しかし問題は論文ではないし、緊張しているからでもない。

視線を上げると答えがみつかる。講堂の入り口に、論文に興味があってそこにいるわけではない人間が二人立っている。セーデシュトレームの上司が安全対策として手配した警備員だ。事の起こりは数日前、慣例にのっとってウプサラ大学がプレスリリースを出したことだった。〝中年期および老年期の食事において脂肪からエネルギーを多く摂取すると、将来的に栄養失調につながる可能性がある。ヴェステロースの臨床研究センターおよびウプサラ大学公衆衛生看護科学学部所属のリサ・セーデシュトレームの論文ではそのような結果が示された。研究によれば、標準体重あるいは低体重の人の食事に含まれる脂肪の割合が高いほど、後年栄養失調になるリスクが高い〟。プレスリリースの冒頭にはそう書かれている。栄養失調のリスクを避けるには夜間絶食つまり前日夜の最後の食事から翌朝最初の食事までの時間が高齢者の場合十一時間を超えてはいけない、そして高齢者は一日に少なくとも四度食事をとるべきであると示された。しかしその後に地雷を踏んでしまったようだ。脂肪の多量摂取と将来的な栄養失調のリスクの相関性に触れた際に、当時流行していた食事法に言及したのだ。〝この結果は高脂肪食たとえば低炭水化物・高脂肪（ＬＣＨＦ）ダイエットのような減量法として人気の高まる食事法にも当てはまる。そういった減量法が長期的にどんな影響を及ぼすかはまだ科学的研究が行われていない〟。

二人の人間からセーデシュトレームにメールが届いた。一人はＬＣＨＦ雑誌の関係者、もう一人は栄養アドバイザーを名乗る人間。二通とも「発言には気をつけろ」という内容だった。セーデシュトレームは両方に返事をした。

「一人目には電話をしました。すると私の論文は読んでもいないことがわかった。ネット上に公開されているのにね。それ以上話をするのも拒んだ。もう一人はメールをしても返事はありませんでした。彼女もただ意見を言いたかっただけなんでしょう」

その後はＳＮＳ上でコメントがついた。ＬＣＨＦに肯定的なネットフォーラム Kostdoktorn.se では〝専門知識のある人が論文発表の公開議論に参加して反論し、その様子を報告してくれたら面白いのに〟という投稿もあった。そういった世間の反応を上司に伝えたところ、上司は安全を確保するために警備員を配置することに決めた。

「警備をつけなければいけないなんて嬉しくはないけれど。論文発表は一般公開のイベントなんだからもちろん参加して反論してくれればいい。でも発表の場を潰すのが目的で来るのは……」

数年後にセーデシュトレームはそう語っている。

邪魔をする人間は現れなかった。セーデシュトレームは無事医学博士号を授与されたが、警備員まで出動したということがニュースになり、批判側の攻撃的な論調も取り沙汰された。「LCHF派はなぜそんなに怒っているのか」スウェーデンのラジオ局〈P3〉もあるコーナーでそんな話題を取り上げた。セーデシュトレームがTV4の朝のニュースに出演した時には「研究者がLCHF狂信者に脅迫された」という見出しがついた。

セーデシュトレームは自分がLCHFの食事法の影響を研究したわけではないことは最初から明言していた。高脂肪食に関する研究の基になったのは一九九七年に七百二十五人の中高年の男女が何を食べていたか、そしてその十年後にヴェステロースのヴェストマンランド病院に入院した際の栄養バランスとどういう関連性があったかの調査だった。この七百二十五人は全員が「食品頻度フォーム」に記入し、何をいつどれだけ食べたかを報告した。病気の高齢者が栄養失調になるのは珍しいことではないが非常に危険だ。ヴェストマンランド病院に入院している患者を対象にした研究では、栄養状態が悪いと早期死亡のリスクが四倍も高いことが示された。そして栄養失調になるリスクが高かったのはその十年前にエネルギーの大部分を脂肪から得ていた人だった。その結果にはセーデシュトレーム自身も驚いた。脂肪はエネルギーが豊富なのだ。何か期待するとしたらポジティブな結果だったのに。脂肪を摂取する習慣は後々栄養失調のリスクを減らすはずでは――？　しかし結果は逆だった。

「一九九七年に脂肪からとっていたエネルギーの割合が高いほど、十年後に栄養失調のリスクが高かったんです」

セーデシュトレームは総脂肪、飽和脂肪、一価不飽和脂肪の各影響も分析した。その結果、飽和脂肪が最大のリスク要因だった。しかし高い割合で飽和脂肪を食べたということは、自動的に不飽和脂肪も食べていることになる。どんな食品もどちらかだけを含んでいるわけではなく、飽和脂肪と不飽和脂肪のコンビネーションなのだ。

必要なエネルギーの大部分を脂肪から得ていた人たちは全脂肪の乳製品を多く食べていた。チーズ、バターだ。そしてハムやサラミも摂っていた。このグループでは焼き菓子やシナモンロールなど砂糖の豊富な食品も人気があった。全体的に非常に栄養価が低い食事だとセーデシュトレームは分析する。

「食物繊維や全粒穀物を多く含む食品を食べれば血糖値が低いまま安定し、二型糖尿病のリスクを低下させるという大規模研究もあります。だけど脂肪をたくさん食べて糖尿病を予防する――それが可能だとは思いません」

セーデシュトレーム自身は何を食べるかについてはスウェーデン食品庁の見解を支持している。

「砂糖をたくさん食べるべきだと思っている人はまずいないでしょう。だけどLCHFが良いと信じている人たちは何事も白か黒かで考えがち。炭水化物はどれも砂糖で、それが良いか悪いか。でもそうじゃないんです。脂肪も同じこと。脂肪は必要ですが、脂肪といっても色々な種類がある。何よりもナッツや脂肪の多い魚、菜種油ベースのマーガリンなどの不飽和脂肪を摂取すべき。バターではなくて」

セーデシュトレームが思うに、人がLCHFにそこまで心酔する理由は「常識どおりにバリエーションのある食事をして体重を増やさないようにする」では退屈すぎるという単純なものだ。それでは積極的に何か努力しているという気がしないのだ。

飽和脂肪に賛成、食品庁に反対

ＬＣＨＦのように国の推奨や科学的な栄養・健康関連のアプローチに逆行するダイエットというのは反体制的な香りすらする。他の皆と違うことをすることで特別な存在になれる。しかも一緒にやるから徒党を組める。

二〇一〇年にはＬＣＨＦマガジンが創刊された。編集部はスウェーデン屈指のＬＣＨＦ愛好家オールスターチームだ。科学系のアドバイザーは糖尿病専門の上級医師で患者向け高脂肪食のパイオニアであるイェルゲン・ヴェスティ＝ニールセン。大学の准教授で以前から飽和脂肪は身体に良いと確信していたウッフェ・ラヴンスコーヴは、一時期はコレステロールが心血管疾患を引き起こすという仮説への反証のために一日八個卵を食べていたという。そしてアンドレアス・イエンフェルトはKostdoktorn.seを運営する医師だ。〝今日疲れていて、太っていて、病気でも、明日は元気で幸せで健康になれる。薬は飲まずに自然な食品を食べるだけで。嘘みたいに素晴らしく聞こえるでしょうが、私たちが伝える食事法は本当に素晴らしいのです〟と編集部は書いている。〝国民の健康を担う省庁は生き物としての人間が食べるようにはできていない食事を推奨している。それで私たちは遅かれ早かれ病気になる。本来食べることのない餌を与えられた牛は狂牛病になるリスクがあるし、国の食事指導に従う人は狂脂肪病にかかる。私たちはその病を治そうとしているのです〟。

創刊号では「スウェーデンにおけるＬＣＨＦ運動の歴史――成功と激しい抵抗の物語」という回顧記事を、ＬＣＨＦ代表のボー・ザクリソン、マルガリエータ・ルンドストレーム、スティエン・ストゥーレ・スカルデマンが執筆している。

ＬＣＨＦの歴史はヴェストイェータランド地方のイェーテネに始まるという。肥沃なヴェストイェータ平野にある町で、そこで医師のカッレ・カールソンが一九八〇年から肥満患者のためのヘルスハウス〈エステレング〉を運営している。カールソンはその界隈ではスウェーデンに血糖指数測定（ＧＩ）を紹介した人物として有名だ。ＧＩ値は各食品が血糖値にどのような影響を与えるかを示す数値で、最も影響が大きいのが炭水化物、特に砂糖。一方、脂肪はＧＩ値を下げる。胃の中の食べ物を十二指腸に送り出すのを遅らせるからだ。

もう一つ画期的な出来事が二〇〇二年に起きた。ネット上のポータル〈パサージェン〉に「炭水化物過敏症」の人たちのディスカッショングループが結成されたのだ。二〇〇五年にはスティエン・ストゥーレ・スカルデマンによる著書『食べて体重を減らそう』、さらに弁護士で二型糖尿病患者のラーシュ＝エリック・リッフェルトの『脂肪恐怖』が出版され、この流れに勢いをつけた。そしてここで本物のスターが登場する。アニカ・ダールキュヴィストという名の、スンツヴァル郊外ニュールンダの地域医療センターで働く医師だ。自分の糖尿病患者に炭水化物を減らし、脂肪を増やすようアドバイスしていた。余暇には低炭水化物に関する普及活動に熱心で、スウェーデン食品庁や著名な栄養士、栄養学の教授に手紙やメールを送りつけていた。二〇〇五年十二月にはうんざりした栄養士二人がダールキュヴィストの食事指導が患者の健康を危険にさらしているとしてスウェーデン社会庁の監督部門に通報し、〃ウプサラ大学の糖尿病専門の教授クリスティアン・ベーネがダールキュヴィストの食事アドバイスが科学的エビデンスと実証済みの経験に基づいているかどうかを調査する任務を負った〃とLCHFマガジンも報じている。二〇〇八年の一月に社会庁は、肥満ならびに糖尿病患者に低炭水化物食を勧めることは科学的エビデンスと実証済みの経験に基づいているという結論を下した。

ダールキュヴィストの取り組みのきっかけは、娘と一緒に低炭水化物ダイエットに挑戦したことだった。まさに神の啓示だったという。〃脂肪恐怖症に感染していた頃は脂肪は気持ちが悪いと思っていた。(中略) しかし今は自分を太らせ、病気にしていたのは炭水化物だとわかった。脂肪のおかげで私は痩せて健康になった。何もかもが変わった。今では脂肪のついた肉はジューシーで美味しいと思う〃。

しかもダールキュヴィストは決めつけたり、きつい言葉を使ったりすることも厭わない。二〇一八年春にはスウェーデンの女性の歯の喪失と心臓発作の関連を調べた研究を〃また一つ知能障害のある研究が出てきた〃と批判している。

LCHFを巡って食品庁や社会庁と対決したことに加え、ダールキュヴィストは二〇〇九年秋には豚インフルエンザの集団予防接種を批判する騒ぎを起こした。そのせいでヴェステルノルランド県のプライマリケアから勤務を外されたが、その後ワクチンによって何百人もの子供や若者がナルコレプシーを起こしていたことが判明して風向きが変わり、県の医療機関に戻ることを歓迎された。二〇一五年に定年退職しているが、その後も執筆やＬＣＨＦの講師は続けている。

低脂肪・脂肪カットの時代

純粋に料理として低炭水化物ダイエットが何に反対しているのかをここで振り返ってみよう。一九八〇年代から九〇年代は低脂肪製品と脂肪カットの時代だった。その良い例が一九九三年から一九九四年に権威あるカロリンスカ研究所で実施されたプロジェクト〈脂肪はその味よりも高くつく〉だ。職員食堂の食事を健康的にする方法の開発を目的に掲げていた。なお、ここで言う「健康的」というのは脂肪を減らすことで、実際、一食あたり平均して二十六グラムだったのが十九グラムまで減らされた。それによってどんな雰囲気が広まったかは誤解のしようがない。聞き取り調査の資料からは料理に対するわびしい見方が浮かび上がる。〝最初に肉に焦げ目をつけなくてよいなら、煮込み料理やミートソースをつくるのも早くて楽になる。時間もお金も脂肪も節約できる〟。

それよりレベルの高いレストランシェフの間でも脂肪への恐怖心がある程度は根づいた。一九八七年にはヨーテボリを拠点にするスターシェフ、ヴィクトル・ヴァルデンストレームがレシピ本『脂肪を減らした豪華料理』を出版している。〝テフロンなどの焦げつき防止素材コーティングのフライパンを使えば油脂を一切使わずに何でも焼ける。ともかく油やマーガリンなどの使用を最小限に抑えることができる〟。ヴァルデンストレームはコンベクションオーブン〔ファンで空気を対流させて加熱するオーブン機能〕の使用も勧めている。〝たとえば魚を油を使わずに「揚げる」ことができる〟。

就職差別をされる肥満

肥満の人は他のどんなカテゴリーの人よりも差別されるという結果が複数の調査で出ている。二〇一二年にはウプサラ大学と労働市場・教育政策評価研究所の研究チームが「仕事を得るために最適なプロフィールとは？　採用過程における実験的研究」という報告書を発表し、採用に最もネガティブな影響を与える要因は肥満であることを示した。研究には民間企業および公的機関四百二十六カ所の採用担当者が参加し、その履歴書の人物を面接に呼ぶかどうか、そして架空の人物二人のどちらを雇うかに答えてもらった。採用担当者に知らされたのは架空の応募者の出生国、宗教、家族、体重、過去に疾病休暇を取得しているかといった情報だった。面接に呼ばれる確率は五十五歳以上の人は三十歳未満の人より六十四ポイント低く、非ヨーロッパ出身者は仕事に就ける可能性が二十八ポイント、イスラム教徒だと三十ポイント低かった。最も苦労するのは非常に肥満という設定の人たちで、彼らは普通の体重の人に比べて仕事を得られる確率が八十三ポイントも低かった。

油を使わずに肉を焼き、魚を揚げる――。そこで終着点にたどり着いてしまったのだろう。次なる道は「どんな犠牲を払ってでも脂肪を避けるべきではない」とあえて主張する一人目の人間に開けた。しかも美味しいし、ひょっとすると身体にもいいかも?

そしてやはり登場したのが、〝痩せて健康になる食事の一例は、ゴルゴンゾーラチーズを挟んだ牛フィレ肉、その下にはゴルゴンゾーラで味を引き締めた野菜のクリームソース〟。ラーシュ＝エリック・リッツフェルトが『脂肪を多く食べよう――LCHFで健康でスリムに』で紹介しているレシピだ。この著者が提案する朝食は〝フライパンに入る量のベーコン〟と全卵二個、卵黄を三個、ソフトチーズ、ホイップクリーム一デシリットル。それらを焼くためにはココナッツオイルまたはバターを推奨している。

低脂肪で質素な食事の数十年を経て、脂肪をこれだけ食べて痩せられるというのは真実とは思えないほど旨い話だった。実際信じ難い――一般に認められている科学的根拠を信じるなら。料理界においても、ほとんどゼロからいきなり大量の飽和脂肪を使うという行為はそこまで歓迎されなかった。そもそもLCHFは美味しく食べるのが目的ではなく、痩せて健康になるための食事だ。脂肪は食べても良いが、その代わり炭水化物は禁止。ある日のランチはバターを添えたポークカツレツ。クリームたっぷりのミートソースはパスタなしで供される。あとは地上に生えるほとんどが水分の野菜――パプリカなど――が登場する可能性があるくらいで。先述のトレーニングインフルエンサーのマティーナ・ヨハンソンの脂肪断食でも、栄養的に摂取したほうがいいココナッツの味をコーヒーやレモンの味で隠すというのがあったが、いちばん難しいのは炭水化物を使わずにベーキングをすることだ。アニカ・ログネビィの『LCHFでベーキングを楽しもう――砂糖と小麦粉を使わずに美味しく』では一つめのレシピが朝食用のパンだが、九個焼く場合、卵三個、脱臭ココナッツオイル大さじ二、ホイップクリーム〇・五デシリットル、アーモンド粉四デシリットル、サイリウムハスク大さじ二、塩小さじ半分、ベーキングパウダー小さじ一・五となっている。このレシピ本に何度も登場するのがしらたき――炭水化物やカロリーがほぼゼロのこんにゃくからつくられた麵だ。日本のしらたき製品を売るスウェーデンの小売店は「臭いに慣れていない人は不快に感じるかもしれない」と警告する。サイリウムハスクはオオバコ種子の殻を粉末にしたもので、基本的に糖質は含まない。〝サイリウムハスクは完全に無味無臭で、糖質を控えたベーキングにぴったりの食材。生地をまとめてくれるが、味はしない〟とログネビィは説明している。

ここでも原材料の品質が「〇〇ではない」「〇〇をしない」ことにかかってくる。結局いちばん良いのは何の味もしないことらしい。

神の最高のダイエットテクニック

身体は神殿であり、清らかに保つべきだという考えはどの宗教にも通じるものだ。しかしどのように実践するか、何が穢《けが》れているとするのかは宗教によって異なる。聖書の「コリント人への手紙」の一節では運動や食事の改善を促している。〝あなたがたのからだは、あなたがたのうちに住まわれる、神から受けた聖霊の宮であり、あなたがたは、もはや自分自身のものではないことを、知らないのですか。あなたがたは、代価を払って買い取られたのです。ですから、自分のからだをもって、神の栄光をあらわしなさい〟。十九世紀の筋肉的キリスト教という宗派では、「健全な身体に健全な魂が宿る」という理念を他のどの宗教よりも推し進め、聖書の比喩にあるように肉体的な努力から生まれる精神を強く支持した。

一九五七年にはアメリカのヒューストンにある長老派教会の牧師チャーリー・W・シェッドが初のキリスト教系ダイエット本とされる『祈りで痩せよう』を出版した。シェッドは子育て、セクシュアリティといったテーマの著書で幅広い読者に知られていたが、今回のテーマは減量だった。シェッドにとってBMIは道徳的な問題だった。一キロ余分に増えるごとに神から遠のいてしまうのだ。「我々太っちょだけが罪の重さを測ることができる。（中略）さあ、秤の上にお立ちなさい。あるべき体重よりどれだけ重いですか？　そこにあなたは五キロ、あるいは二十二キロ、四十五キロの罪を見るのです」シェッド自身は自らが説くダイエット法によって四十五キロの減量に成功した。具体的には賛美歌「主は私の羊飼い」に合わせて足上げ腹筋をするなどだ。このジャンルの初期のタイトルには他に二十二歳のモデル、デボラ・ピアースの『私は祈って痩せた』や牧師のH・ヴィクター・ケインが痩身のための食卓の祈りをいくつも収録した『ダイエットの際の祈り』がある。〝私は食卓でひたすら口に詰めこまないこと、充分に食べたらそこでやめることを誓います、アーメン〟という具合だ。一九七六年にはベストセラー『モアー・ジーザス、レス・ミー（もっとキリスト、私は少なく）』と『脂肪に対する神の答え：減らせ』が出版され、その後まもなく食事計画つきのダイエット・プラン、エクササイズ・プランおよびウエイト・ウォッチャーズのようなダイエット・プログラムであるダニエル・プラン、フェイスフル・フィット・プログラム、ラブ・ハンガー・アクション・プラン、ハレルヤ・ダイエットなどが開発された。

六世紀末に教皇グレゴリウス一世が大罪に指定したのは淫蕩、強欲、虚栄、怒り、嫉妬、悲嘆そして貪食だった。そのいずれかで神の戒めを破った者には地獄の門の向こう側で永遠の苦しみが待っている。暴食した者は永久にネズミ、ヒキガエル、ヘビを食べさせられ、淫行をした者は火と硫黄を注がれることになっていた。貪食というのは単にたくさん食べたり、贅沢なものを食べたりすることではなく、あまりに熱心に美味しそうに、そして前の食事から早すぎるタイミングで食べることも過ちとされる——後に罪の概念を確立した神学者トマス・アクィナスはそう解説している。

貪食は大罪だとされ、カトリックでは長い間断食も厳しく行われていたが、キリスト教の場合は信者が何を腹に収めるのかにはわりと無関心だった。一方でユダヤ教やイスラム教は食事に関する規則が依然として宗教の実践に欠かせない。キリスト教では食事にそこまで神聖なステータスがないので、聖書にもヴィーガンや高脂肪主義者も取りこめる余地が残されているのだ。しかし神が本当は私たちに何を食べてほしいのか——その点はいまだ決着がつかないままだ。緑色のデトックスジュースを飲むハレルヤ・ダイエットは創世記の一節、〝神はまた言われた、「地は青草と、種をもつ草と、種類にしたがって種のある実を結ぶ果樹を地の上にはえさせよ」〟を想起させるが、低炭水化物・高脂肪を支持する人たちは、「牛乳と蜜」の流れる地はヘブライ語からの正確な訳では「脂肪と蜜」のはずだと訴える。

しかし根本的には愛を重んじるはずの高次の存在が、身体のどこに何キロつくかということをそこまで気にするのは少々不思議な気もする。神は他に気をもむようなことはないのか？　ベストセラー『痩せる自由』の中で、著者メアリー・チェイピンは〝イエスが十字架にかけられたのは私が間違った食べ物への依存から解放されるため〟だと語っている。それを余分な体重や見た目のことだと解釈すると薄っぺらく聞こえるが、チェイピンが意味するのは依存症だ。アルコールや薬物、ギャンブルと同じように食べ物も乱用の対象になり得る。満たされるのは胃だけではない。食べることは忘れるための方法であり、大きな身体に隠れることは自分を手の届かない存在にする手段でもある。〝キリスト教系ダイエット作家の論調は三分の一が歓喜、三分の二が強い不安だ〟と宗教学者のR・マリー・グリフィスも一九九〇年代にそのジャンルに関する長い記事の中で書いている。しかし一九五〇年代にチャーリー・W・シェッドが提唱した過剰な体重を罪として測るような厳格な考えかたはすでに過去のものとなった。自分自身と共存する方法を見つけること、それにより食欲をコントロールできるようになる。同じ目標――創造主に対しても恥ずかしくない痩せた身体――ではあるが、導きかたが少し優しくはなった。

アルコホーリクス・アノニマス（AA、匿名のアルコール依存症者たち）という自助グループが有名だが、オーバーイーターズ・アノニマスやフード・アディクツ・アノニマスという強迫的に食べてしまう人たちのための自助グループもある。AAのように十二ステップのプログラムを活用し、参加者は自分の意志と人生を偉大なる力に渡す心構えができていると宣言する。この偉大な力や神をどう定義するかはその人次第だ。大事なのは支援を得られ、偉大な力の存在を感じ力をもらうこと。

時にはこの上なく俗っぽい願いを神に聞いてもらわなければいけないこともある。グリフィスは「ベイソス」という言葉がキリスト教のダイエット文化をよく表わしていると分析する。この言葉は十八世紀の詩人アレクサンダー・ポープによってつくられたもので、崇高なものから平凡あるいは俗世的なものへの突然の移行を表わす。神は全能だ。夏用のショートパンツが穿けるようになりたいという願いは切実だが、それを神聖化することは難しい。

第九章　どれも同じくらい脂っこいわけではない
――しかし多様性で脂肪は最高の存在になる

昨今、人間の腸内フローラが研究分野としても注目を集めている。その正確なメカニズムは明らかになっていないが、微生物や細菌が大量に腸内にあることが健康の証なのははっきりしている。腸内フローラを多様にするために大事なのは何を食べるかだけではない。原材料の出どころも大事だ。パンに塗るバター、テーブル上のチーズ、エッグカップの中の茹で卵はどこかから来ているはずなのだから。ランチのサーモンやディナーのミートボールもそうだ。そもそも私たちが食べる動物、乳や卵を得ている動物たちは何を食べているのだろうか。

スウェーデンでは草を食べる家畜は一年のうちの決まった時期に外に出る権利があるが、伝統的な畜産の牛は栄養の大部分を干し草やサイレージといった粗飼料から得ている。スウェーデンのサイレージは主に牧草を塊にしたものだが、アメリカではトウモロコシが一般的だ。その上濃厚飼料も与えられる。濃厚飼料の主な材料は穀物、菜種をクッキーのように形成したものや大豆だが、人間用の食品業界では使えないものも入っている。製糖の際に出る廃糖蜜やビール醸造所で出る澱、乳製品製造所のホエーなどだ。

豚や雌鶏、雄鶏は屋内で一生を過ごし、ほとんどの場合同じような種類の作物ばかりを与えられる。そういう意味では養殖の鮭も同じだ。養殖された原料で養殖されている。均一化されすぎて、鶏がトウモロコシ、豚が菜種ベースの餌をもらうとそれがセールスポイントになるほどだが、トウモロコシも菜種も私たち人間はすでに充分すぎるほど摂取してしまっている。

ここで今のスウェーデンでどんな脂肪が口にされているのかを詳しく見てみよう。平均的なスウェーデン人の食事として、女性は一日に七十グラムの脂肪を摂取しており、男性の場合は八十七グラムだ。若い層のほうが年配者よりも脂肪をとっている。これは食品庁の「国の食事二〇一〇〜二〇一一」調査――バランスを考慮して選ばれた約千八百人の成人にアンケートを行い、四日間の間に食べたものをすべてリストアップしてもらったもの――でわかったことだ。

一九六〇年代以来、食事に含まれる脂肪の割合は数％減った。しかし食べる脂肪が減ったというわけではない。逆に私たちは何もかもを以前よりもっと食べていて、脂肪も例外ではないというだけのことだ。脂肪の種類で最も多いのは一九六〇年にも二〇一〇年にも食用油脂で、パンに塗ったり調理に使ったりする。次いで肉と肉製品だ。脂肪酸レベルまで分析すると最も多いのが二〇一〇年にはオレイン酸で、次いでパルミチン酸、リノール酸だった。オレイン酸は動物にも植物にも存在し、パルミチン酸はパームオイル、乳製品や肉に、リノール酸は種子、ナッツ、植物性油に含まれている。最も少なかったのがアラキドン酸、エイコサペンタエン酸（ＥＰＡ）、ドコサヘキサエン酸（ＤＨＡ）、ドコサペンタエン酸（ＤＰＡ）およびアラキジン酸だった。アラキドン酸は動物性脂肪に、ＥＰＡとＤＨＡは魚の油脂に、ＤＰＡは肉と魚に、アラキジン酸は食用油に含まれる。ＥＰＡとＤＰＡはどちらも必須脂肪酸のオメガ3脂肪酸で、もっと摂取したほうがいいとよく言われる。デンマークのガストロフィジックスの教授オーレ・Ｇ・モーリッツェンがＥＰＡとＤＰＡは人間という種が今のような複雑な神経系と大きな脳を発達させることができた決定的な要因だったとしているほどだ。

オメガ6の過剰摂取

二〇一〇年の時点でスウェーデン人は平均して一日に三グラムしかオメガ3を摂取しておらず、オメガ6脂肪酸はその三・五倍だった。この二種類の必須脂肪酸はそれ自体が興味深い存在なだけでなく、ライフスタイル、食料の生産そして国民の健康の複雑な相互作用を絶妙に象徴している。

数字やアルファベットにつまずかずに最後まで説明できるかやってみよう。人間の身体は自分でオメガ3やオメガ6を生成することができないので、食事から摂らなければならない。身体が簡単に摂取できるオメガ3の優れた供給源になるのが脂の多い魚、つまり鮭やニシン、ウナギだ。魚たちも自分ではオメガ3をつくれず、微細藻類を食べることで吸収している。その脂肪酸が魚の脂肪に蓄積され、低い水温の中でも身体の動きを維持するのを助けている。

オメガ3もオメガ6も命に関わるほど大事な存在だ。オメガ3は炎症を抑え、オメガ6は炎症を起こす――つまり侵入者を排除するための身体プロセスを起動する。それもあってオメガ6は恒常的な低度の炎症が引き起こす種々の病気の原因であるとしてやり玉にも挙げられる。喘息、湿疹、アレルギー、糖尿病などの自己免疫疾患がオメガ6の過剰摂取のせいだとされたが、食品庁によればそれが事実であるという証拠はない。

オメガ3とオメガ6は同じ食品に様々な度合いで含まれている。どちらも身体が細胞をつくったり修復したりするのに必要で、血圧や腎機能、免疫系（炎症のプロセスを引き継ぐ）に影響を与える。オメガ3は血液の凝固能力を低下させるため、血栓のリスクも軽減してくれる。

何千年もの間、人間はその両方をほぼ同量摂取してきた。しかし今の平均的なスウェーデン人はオメガ6をオメガ3の三・五倍多く摂取しているというのだ。

オメガ6がこれほど一般的になったのは自分たちが食べるもののせいだけではなく、私たちが食べる動物が食べたもののせいでもある。野生の動物の肉はオメガ3とオメガ6の比率がほぼ一対一で、放牧された牛や羊も同様だ。しかし家畜が穀物ベースの濃厚飼料を食べたとたんにそのバランスが崩れてしまい、なんと一：三十と計測されたこともある。植物の緑の部分はオメガ3を多く含み、穀物、トウモロコシ、大豆ベースの濃厚飼料には主にオメガ6が含まれる。「緑色のものはオメガ3、黄色のものにはオメガ6が含まれている」とウプサラにあるスウェーデン農業大学分子科学研究所の教授ヤーナ・ピコヴァも言う。

ピコヴァは長年脂肪やその組成を研究してきた。そして省庁も科学の世界もオメガ6の摂取増加にあまりにも無関心だと警鐘を鳴らす。ピコヴァ自身はなるべくバリエーションをつけて食べること、そして可能なかぎり「ゴミ」は食べないことをポリシーにしている。肉を食べるなら放牧されたもの、できれば仔羊か野生の動物。そのほうがオメガ3とオメガ6のバランスが良いからだ。健康の観点から見るとオメガ3をたくさん摂取すればいいというよりは、オメガ6を減らす努力をしたほうがいいという。大豆油、トウモロコシ油、ヒマワリ油はどれも畜産、食品産業そしてレストラン産業において多用される油で、特にオメガ6を高レベルで含んでいる。

「脂肪の総摂取量を減らせば、必然的に良くない脂肪を減らすことができます。現在有効な国の推奨を守れば、つまり脂肪からのエネルギー摂取を全体の三分の一に留めておけば、誤った食事になるリスクはありません。そうすれば悪い加工食品を避けることにもなるから。たとえばポテトチップスはヒマワリ油で揚げられている。それは食べてはいけない」

だけどLCHFダイエットをするべきだとは思いませんか?

「いいえ。私はあれこれ食べたほうがいいと思う。できるかぎり多様にね。人間がどの大陸にも存在するのは何でも食べることができるため。色々なものを食べるほど、間違った食生活のリスクを分散できる。今の私たちにはそれを実現できるだけの機会が与えられているわけだから。リソースが限られている人たちは本当に大変です」

ベジタリアンの場合は亜麻仁油、菜種油、緑の葉野菜、クルミ、藻類抽出物などがオメガ3の供給源になる。魚を食べる人なら養殖ではない魚——つまり甲殻類を食べている魚。その甲殻類が藻類を食べていると効率の良いオメガ3の源になる。しかし問題は魚が他の点でも効率が良くなることだ。脂肪が蓄えるのは身体によい成分だけでなく毒素も然りで、子供や若者や生殖可能な女性はバルト海、ヴェッテルン湖、ヴェーネン湖で獲れる脂の多い魚を年に数回以上は食べないよう推奨されている。ダイオキシンやPCBを大量に含んでいるからだ。

ダイオキシンは廃棄物を焼却したり塩素含有化学物質を製造したりすると発生し、ＰＣＢは一九七〇年代に禁止されるまで住宅の変圧器やシーリング材に使用されていた。スウェーデン海域はこれらの濃度が国際ガイドラインを超えたレベルで、フィンランドを除いてバルト海で漁獲された鮭やチョウザメを他のＥＵ諸国に輸出することも禁じられている。

養殖のサーモンにはその心配はないが、養殖だと脂肪酸の組成がまったく違ってくる。養殖の規模が大きくなるにつれ小魚や魚粉を与えていては採算が合わなくなった。今では植物性の餌を与えるようになり、それは海の生物の再成長には良いことだが、養殖のノルウェー産サーモンに含まれる長鎖オメガ３は半減してしまった。

放し飼いの牛から採れる、きらきら光る美味しい脂肪

トシュテン・ラックスヴィークの姓はスウェーデン語で「鮭湾」の意だが、サーモンの仕事とは無関係で、食肉加工品を製造する地方活性活動家であり、今は市営住宅会社の取締役会に向かっているところだった。一九九七年にストックホルムからオンゲルマンランド地方東部のエドセレ村に移住したラックスヴィークにとってはどの活動もつながっている。自分の理想郷を「ブロードバンドやかまし村」と名づけ、近隣の村をデジタルとインターネット、そして強い絆でつながったコミュニティにするのが夢だ。そんな持続可能な未来を見据えている。二〇〇一年には牛の飼育を始めた。家族で羊を数頭飼ったのがきっかけで、子供たちも楽しんでいるし、自分は美味しい肉を食べられるようになった。

「ファクス川ぞいに昔ながらの景観を復元できないかと話し合っていたんですが、家畜がいないことには実現できない。ただし農家は儲からないので、普通の畜産農家がやるのとは逆のことをしてみようと思った。循環型農業から生まれるリレーショナルフード〔生産者と消費者が直接関係をもつこと〕というやつです」

オンゲルマンランド地方西部とイェムトランド地方から十軒ほどの畜産農家が〈ノルベーテ〉〔北の放牧地〕に参加しているが、循環型農業のリレーショナルフードも生活していけるほど稼げるものではない。畜産で稼げる額は月に五千クローネ程度〔約七万五千円〕。ラックスヴィークが目指すような畜産を経済的に成り立たせるには肉を一キロ平均四百クローネで売らなければならない計算になる。サーロインなら一キロ千クローネ、ひき肉は三百クローネ。これは最終消費者が払うだろう価格の約二倍だ。

「結局、講座や講演で生計を立てています。食べ物をどうやって生み出せばいいかを一時間話すほうが、一カ月かけて食べ物を生み出すよりもお金をもらえることが多い」

数年前からは地方活性化に取り組みつつ、〈ラフナスラクト〉という食肉屠畜場を営み、エステルスンドの加工肉店〈スラクターン〉でも働いている。

〈スラクターン〉では加工用に仕入れる肉に二十の品質基準を設けている。スウェーデンで一般的なオーガニック認証KRAVより大幅に厳しい基準で、単にオーガニックである以上のことが求められる。〈ノルベーテ〉の方針は百五十年前にファクス川ぞいで行われていた畜産がモデルだ。第一の要件は草、ハーブ、葉といった自然のものだけを食べていること。そして畜産農家は生物多様性に貢献するために広い放牧用の野原を擁しなければいけない。それが表土となり、土壌の栄養素を空っぽにするのではなくて肥沃にする循環型農業となる。家畜は一年じゅう外に出られて、雨が降った時に身を寄せられる屋根つきのスペースもなくてはいけない。放牧は森、牧草地その他の休耕地で行われる。一頭一頭を認識できる数以上を飼ってはいけないし、抗生物質も使ってはいけない。「細菌と牛が健全な関係を築き、互いに益にならなければいけないんです」

この基準は家畜の脂肪にも影響してくる。たとえば充分に成長させてから屠畜するというのも要件の一つだ。具体的には三放牧シーズン（約三十カ月）なのでしっかりと脂肪がつく。もう一つは冬の間、干し草ではなくサイレージを食べさせること。干し草の脂肪酸は劣化するからだ。そして不必要にストレスを与えないために、農夫自身が屠畜場へ輸送しなければならない。

解体後、肉はしばらく吊るして熟成させる。臀部の一部、肩ロースおよびサーロインは十五〜十七日してから切り分けるが、これは従来の屠畜場よりも大幅に長い時間だ。こうしてなるべく肉から湿気を放出させることでフライパンで焼く時にも水っぽくならない。なお、長い期間熟成させるためには充分に太っていることが前提だ。表面の脂肪が微生物の繁殖を防ぎ、霜降りの柔らかさ、ジューシーさ、そして風味を際立たせる。このような条件で生きられた牛の脂肪は秋の紅葉のような色になる。「脂肪の色は品種、年齢、餌によって変わります。ヴァルシェー村のアニータ・ミィールのところのフィヤルコー〔山の牛〕種は人里離れた山のすそ野で放牧されていて、脂肪は輝くような黄色。彼女がつくるバターと同じ色だ。他の場所で短期間で育てられた若い牛の脂肪はだいたい薄い白です。工業生産の卵の黄身みたいにね。自由に歩き回って暮らす雌鶏が産んだ卵を見れば本物の黄身がどんな色かわかる」

　レストランには一頭ないし半頭単位で卸す。シェフに牛の全身を調理する技能がなければ他のレストランを探せばいい。この挑戦を受けて立った中にはスウェーデンで最も有名なレストランのシェフたちもいる。エステルスンド郊外の〈フェーヴィーケン〉やストックホルムの〈フランツィエン〉だ。

　主にシェフを想定して、ラックスヴィークは〝目で肉を選ぶな〟という文章を書いた。

「きれいに霜の降った肉をいくら見つめても、その牛が大量のトウモロコシで短期間で育てられたかどうかは見えてこない。だから肉は目で買ってはいけない。頭と心で買うんだ」

　しかしこれだけ目の誘惑に負けるなと語っておきながらも、「美しく脂の入った肉を見ると子供みたいに嬉しくなってしまう」と言う。

「今ちょうど四頭のフィヤルコー種の肉を熟成させているけれど、やはり素晴らしいよ。ジャージー系の牛であれほど鮮やかな色の脂肪は見たことがない。サフランのように赤味がかった黄色なんだ。多様な餌を食べて育ったことがわかる。牛の口はまるでレーダーみたいで、何を必要としているか本能的にわかるんです。シダやヤナギなど、自分の躰に必要なものをね。しかしそのためには自然の中に出られなくてはいけない。穀物で素早く育てると白い脂肪になる」

　エステルスンドの加工肉店〈スラクターン〉には〈ファウナ〉という商品がある。スウェーデンで一般的な食卓マーガリン〈フローラ〉を意識してつけた名前だ。

「これぞ本物の脂肪ですよ。固い牛脂を溶かして脂肪だけをすくったもの。たんぱく質の構造が残り、ぱりぱりのチップスのようになる。スコーネ地方の人やデンマーク人が伯爵と呼ぶものと同じだけど、めちゃくちゃ美味いんだ」

ソーセージをつくるにも脂肪を多く使うが、その場合は豚や馬の脂肪のほうがいいとラックスヴィークは言う。牛の脂肪だとつぶつぶになるからだ。

良いものに決めさせよう

どの脂肪にも個性がある――キッチンの中であっても身体内であっても。バターの味をとってみても一種類ではなく、攪拌したての時から甘さと塩辛さ、そして酸っぱさが混ざり合っている。溶かしバターにすればキャラメルやナッツのような香りが広がるし、コールドプレスの油は圧倒されそうに強烈な味――植物の命とパワーが宿った滴なのだ。生きた緑のすべてが瓶に詰まっている。ローストした骨髄の美味しさは言うまでもない。オーブンから出す時にはジュージュー、パチパチと音を立て、脂肪、うま味、栄養そしてコラーゲンが詰まっている。コラーゲンは関節や皮膚にとっての軟膏のようなものだ。豚の脂身を濾したラードは味こそあまりしないものの、焼いたり、揚げたり、パイ生地のようにさくさくするベーキングに使えば比類なき才能を発揮する。

脂肪を使うと嬉しい副作用もある。豚は脂が多い、そういう肉だ。しかし現在では脂ではなく肉自体を測って商品価値が決まる。だからラードの需要が高まれば養豚農家も生計を立てやすくなる。少なくとも、もっと多くの豚が今より良い生活を送れるようになる。

ストレスを受けた動物の脂肪は悪くなる。緩くなり、味も酸っぱくなってしまう。大豆、トウモロコシ、小麦を食べて育った養殖の鮭は、脂肪酸の組成でいうと微細藻類を餌にしている小魚や甲殻類を食べて育った野生の鮭とはまったく別物になる。自然の中で牧草地を歩き回れる牛の牛乳と、屋内でサイレージと濃厚飼料だけを反芻している牛の牛乳も同じ状況だ。すでに見てきたように、森で放牧された牛の脂肪酸組成は家畜小屋で人生を過ごした同種の牛よりもむしろ野生の魚に似ている。家畜が良い生活を送れるようになると恩恵を受けるのは彼らだけではないのだ。

パームオイルは二〇一〇年代に油として最悪の評判を立てられた。ではパームオイルは絶対に避けるべきなのか？　どうだろう――アブラヤシを栽培する国ではオレンジがかったその油が昔から主にでんぷんから成る食事に風味を与え、エネルギーの源になってきた。コールドプレスのパームオイルにはその色らしい風味――つまりニンジンのようなニュアンスと刺激がある。ブラジルのアカラジェ（生エビと乾燥エビが入った黒目豆の揚げ物）のような料理はパームオイルで揚げてこそあの色と味になる。一方で西洋諸国のビスケットやケーキのほとんどが高度精製されたパームオイルをベースにしていることは良いとは思えない。問題なのは油ではなく、栽培するために熱帯雨林が破壊されていることと、できるだけ安く生産するために食品業界が極端な精製をしていることだ。

これは原材料に関係なく起きている問題だ。その中のどれかが、その時によって買ったり食べたりしてはいけない悪者にされてしまうが、これはわかりやすいヴィラン〔悪役〕が一人だけいる単純な物語ではない。いちばんの問題は世界の農業と食品業界が結託していることだ。それに対抗するのは簡単なことではないが、個人でできることがあるとすれば自分のキッチンにもっと脂肪を招き入れること。使うのを減らすのではなく、増やす。そのほうが美味しいし、バリエーションもつく――味の面でも栄養の面でも。

私がティーンエイジャーだった一九九〇年代、脂肪は危険なものとされていた。牛肉や豚肉からは目に見える脂を切り取り、学校の食堂には〈アルラ〉のミニミルクという脂肪ほぼゼロの牛乳のポスターが貼られていた。袋入りで買ってくるベアルネーズソースはパッケージの指示どおり水で薄めた。バターやマーガリンを混ぜると脂っぽくなるから。脂っぽくないベアルネーズソース――そんなものはベアルネーズソースとは呼ばないのに。

その後、低脂肪という方向性はモンティニャックやアトキンス、LCHFなどの脂肪ポジティブダイエットに攻撃されることになった。ある意味何もかも決着がついたのだ。今や諸悪の根源は脂肪ではなく炭水化物――。しかし味に関してはココナッツの風味をレモンでごまかし、もともと脂の多い豚のステーキに冷えたバターのスライスを添えるのだとしたら、私たちはいったい何を勝ち得たのだろうか。

ではどのように考えればいいのか。牛のように――なんてどうだろうか。ラックスヴィークは牛の口は躰が何を求めているかを察知するレーダーだと教えてくれた。では私たちも牧場の牛のようにやってみようではないか。味、食感、満腹感を重視すればまだ無限に発見があるはずだ。

どの脂肪にも独自の個性がある。見方によってそのどれもが役割を果たす。ベーキングではバターを使うとパンがクロワッサン系の層になった柔らかい生地になるし、さくさくのクッキーはコーヒーやベリー濃縮ジュースを飲みたくさせる。コショウのような刺激のオリーブオイル、濃厚な酸味のバター、滑らかなクリーム、緑色にきらめく菜種油は草を感じさせる。そして塩味の利いた濃厚な背脂はそれ自体が味覚のセンセーションだ。ちょうどよく焼いた肉の脂身がとろける様といったら——。そこに正しく薄めたベアルネーズソースを添えよう。卵の黄身と信じられないほどの量のバターを混ぜるのだ。シェフの間では常套句だが、それでもやはり真実なのが「脂肪を惜しみなく使うことほど料理を簡単に美味しくする方法はない」のだから。

　バターを溶かしバターにしてパウンドケーキの生地に混ぜよう。パイ生地や、そうハッロングロッタ〔真ん中にラズベリージャムが入ったさくさくのクッキー〕でもいい。養豚家のクリストフェル・フランツィエンのように自分でフロットをつくって使ってみよう。サラダのドレッシングにはクルミ油を、揚げ物はヘットで。ベーコンを焼いて出た油はとっておき、マヨネーズをつくろう。日曜の朝にやってみればたいして大変でもないことを保証する。コーヒーにはティースプーン一杯のココナッツオイル。クリームやクレームフレッシュを買って自分でバターをつくってみよう。どれだけの労力が費やされているかを知るにもいい機会だ。リゾットには骨髄を入れて本物のオッソ・ブーコに添えることもできる。アヒルの脚を鶏の脂肪で調理し、ニンジンをバターでコンフィにしてみよう。

　人生は必ずしも良いことばかりではないが、自分たちが食べるものはなるべく良いものであってほしい——そう願っている。

脂と料理のヒント

もっと脂を使った美味しいレシピとテクニック

1　魚にバターを塗る

アイスランドでは、薄い魚を干したものをそのまま食べたり、バターを塗って食べたりする。昔はスウェーデンでもやったように魚をパン代わりにしてみよう。シェフのロリー・オコネルは魚にバターや油を塗って、フライパンには油をひかずに焼いたりバーベキューにしたりするというテクニックを推奨している。そうすると魚が焦げてくっつくことがない。

2　あるいはオイルとレモンでマリネに

イタリアのテレビで人気のシェフ、アントニオ・カルルッチオが勧めるのは、脂の少ない魚をオリーブオイルとライムまたはレモン汁でマリネしてから焼くという方法。イタリア各地の郷土料理で使われるサルモリッリオはオリーブオイルと同量のレモン汁にニンニクや各種のハーブを加えたソースで、マリネ液としても使える。ギリシャではそれがレモノラドと呼ばれ、できあがった料理に風味を与える時にも使われる。レモンの酸が肉や魚のたんぱく質を分解し、オイルが風味を与え表面をカリッと仕上げてくれる。

3　骨髄を焼く時にはパチパチという音に耳を傾けて

オーブンを200度で予熱してから骨髄を入れる。すると30分ほどでパチパチはじけ、心地良いジュージューという音が聞こえ始める。グレモラータ（イタリアンパセリ、ニンニク、すりおろしたレモンの皮）をかけて前菜として出すか、グレモラータと同じ材料に黒コショウ、パスタの茹で汁を数デシリットル加えれば、好みのパスタと混ぜることもできる。パルメザンチーズやレモンに浸した苦いルッコラなどの緑の葉と一緒に食べるのがお勧め。

4　フライパンの中でバターが静まったら

熱いフライパンの中でバターが溶けると、水分が蒸発してしばらくぶつぶつと泡立ってから静まる。その瞬間が焼くタイミングだ。キノコ、玉ねぎ、魚は低い温度で焼くものなので普通のバターがぴったり。高温で焼きたい食材ならギーというバターオイルを使うか、バターとサラダオイルを半々にする。

5　ギーをつくろう

忍耐力さえあれば自宅でも簡単にギーをつくれる。味はナッツのような甘みがある。無塩バターを低めの中温で煮て泡を取り除き、黄金色になって鍋底の濁った部分がキャラメル化するまで煮る。所要時間は約45分。冷めたら濾してできあがり。ギーは室温でも長くもつ。

6　ベーコンの代わりにアーモンド

ハルーミはチーズ界のベーコンで、脂肪分が多くて塩味もあり、フライパンで焼くとカリカリもっちりする。ヴィーガンの場合はフードライターのニキ・セグニットのアドバイスに従ってアーモンドでベーコンのような味を出すこともできる。湯通ししたアーモンドをサラダ油でローストし、塩を振る。生のローズマリーでベーコン風味がさらに引き立つ。250グラムのアーモンドに対して細かく刻んだローズマリー大さじ1が目安。

7　さくさくのタルト生地

パート・ブリゼは英語でショートクラストと呼ばれ、さくさくの食感が魅力。スウェーデン語では砂生地とでも呼べばいいのに、なぜかほろほろ生地と呼ばれる。伝統的なレシピは重量の比率がグラニュー糖あるいは粉砂糖1、バター2、小麦粉3。粉砂糖を使ったほうが生地の密度が高まり、まとまりが良くなる。

8　自分でペーストをつくろう

タプナードとペスト・ジェノベーゼは地中海発祥のオリーブオイルベースのペーストで、瓶に入った既製品も多く売られている。しかしコンポストに古い機械油を混ぜたよう――ニキ・セグニットは『風味の事典』の中で質の悪いタプナードをそう評している。私個人は２０００年代初頭にスウェーデンのチェーン系カフェで必ず売っていたバゲットサンドイッチ、その中に冷たいトマトと固い牛乳モッツァレラ、そして缶詰のペスト・ジェノベーゼが塗られていたのを思い出しては身震いする。

しかし幸いなことにタプナードもジェノベーゼも簡単に自分でつくることができる。セグニットのタプナードレシピはこうだ。水気を切ったケッパー大さじ1、種を抜いたオリーブ85グラム、乾燥タイム少々、オリーブオイル大さじ1、それをミキサーにかけるかすり鉢で潰す。お好みでニンニクの薄いスライス、アンチョビを1、2切れ足す。

ジェノベーゼの場合、食料品店で鉢植えのバジルを買って植え替えるといい。すぐに増えるので、自家製ジェノベーゼのコスパも良くなる。バジルの葉2デシリットルに対してすりおろしたパルメザンチーズまたはグラナパダーノ1デシリットル、松の実0・5デシリットル、ニンニク1片、良質なオリーブオイルを1・5デシリットル。できればすり鉢で潰すほうが風味が増すが、急いでいる時はブレンダーでペースト状にする。

9　生地にラードを混ぜる

パイやピローグ〔東スラブ諸国でよく食べられる甘いものあるいは肉や野菜を詰めたパイ〕の生地をつくるならバターの半量をラードに代えるとさくさくした扱いやすい生地になる。それにラードとバターを組み合わせることで両方の良さも得られる。バターは美味しさを引き立てるメイラード反応を起こしてくれるし、バター独特の甘いナッツのような風味になる。ラードは味はあまりしないが、生地をフレーク状の層にしてくれる。トルティーヤやイタリアのピアディーナなどの発酵させない薄パンの生地はラードだけでもいいくらいだ。

10 ベーコンはオーブンか電子レンジで調理

ベーコンをパッケージの半分以上焼くならオーブンに火をつける価値がある。フライパンに比べて部屋に匂いが広がらないのに美味しい。温度は200度。オーブンの天板にクッキングシートを敷き、間隔を空けてベーコンを並べる。10分経ったら一度確認する。ベーコン数枚ならば電子レンジが便利。皿に何枚かキッチンペーパーを重ねた上にベーコンを並べ、フルパワーで2、3分レンジにかける。

11 残った脂でマヨネーズを

脂は捨てずに再利用しよう。ベーコンやチョリソを焼いて出た脂で豆を炒めるなど。たくさんあれば美味しいマヨネーズもつくれる。卵黄1個、ディジョンマスタード小さじ1、レモン汁小さじ1、ベーコンまたはチョリソの脂1デシリットル。脂は溶けているが熱くない状態にしておく。脂以外の材料をボウルに入れて混ぜ、そこに脂を少しずつたらしながらミキサーにかけるか泡立て器で混ぜる。好みの量の塩とコショウで仕上げる。

12 買うなら全脂肪のクリームを

ホイップクリーム他の乳製品にはE407が使用されていることがある。E407というのは紅藻類から抽出されるカラギーナンのコードで、製品中の脂肪を安定させるために使われる。このカラギーナンにはクリームをくっつけておく役割もある。クリームが分離して上に濃厚な部分が厚い蓋のようになり、下に薄いクリームが溜まるのを防ぐのだ。そのおかげで賞味期限も延びるが、欠点はクリームが泡立ちにくくなり、風味が損なわれること。脂肪分36%のホイップクリームには通常このカラギーナンが含まれ、全脂肪分40%のものは純粋なクリームでできている。

13 バターをつくる

自分で攪拌してつくるバターは冷蔵庫で1週間ほどしかもたないのでつくりすぎないように注意。全脂肪ホイップクリーム5デシリットル、全脂肪クレームフレッシュ1デシリットル、そこに好みの量の塩を加えればいい具合の塊になる。クリームとクレームフレッシュを混ぜ、室温で6〜12時間放置し、その後冷蔵庫で数時間冷やす（攪拌に最適な温度は約15度）。電動ミキサーの中速で泡立てる。出てきたバターミルクはとり除くが、飲むこともできるしベーキングにも使える。冷たい水を流しながらバターを洗い、まだ残っているバターミルクを練って絞り出す。味をみて塩を加える。

14　あるいは小規模生産者のバターを買う

バターというのは通常、年じゅう同じ味になるように管理されている。しかしスウェーデンの大型食料品店や小さくても品揃えの良いデリでは小規模な生産者が製造したバターも置かれている。新鮮なバターを購入して、バターが本来どれほどまろやかで甘いのか、あるいは酸っぱくて塩味があるのかを体験してみてほしい。

15　溶かしバターをつくろう。とにかくやってみて！

大きなバターの塊を小鍋に入れて中火で溶かし、静まったら泡立て器で混ぜ続ける。そうしないと乳糖とたんぱく質が溶けずに焦げてしまう。その時の最適温度は125度。色が蜂蜜色からナッツのような茶色になり、ナッツのような甘い香りも広がる。

溶かしバターはフランス風にするなら酸味のあるもの（ケッパーや白ワインビネガー）で味つけもするし、そのまま使うこともできる。茹でて冷ましたジャガイモ、ハーリング（ニシンを塩漬けにして発酵させた料理）、卵、細かく刻んだ赤玉ねぎを盛った皿に熱々の焦がしバターを回しかけてみて。この料理は「溶かしニシン」と呼ばれ、シンプルでありながら驚くほど食欲をそそる。ディルもよく合う。

16　鴨の脂でジャガイモ炒め

フランスではフライドポテトを揚げるのに鴨の脂が選ばれる。あらゆるルールに従ってフライドポテトをつくるとなると、異なる温度で数回に分けて揚げるなど、なかなか手間のかかる料理だ。それはレストランに任せるとして、家ではジャガイモのサラデーズくらいがちょうどいい。フランスのペリゴール地方の料理で、ジャガイモの良さが100％発揮される。それもすぐに。4人分の材料は煮崩れしにくい品種のジャガイモ1キロ、鴨の脂100グラム、お好みでエシャロットやニンニク、塩、黒コショウ、イタリアンパセリを一摑み。皮をむいたジャガイモを1センチの厚さのスライスにし、冷水に数分間浸してでんぷんを少し落とし、しっかり水気をとる。広いフライパンに脂を中火で加熱する。煙が出るくらい熱したら、ジャガイモを入れて片面が黄金色になるまで焼く。ジャガイモをひっくり返し、反対側も黄金色になったら火を弱め、15分放置する。そこに玉ねぎ、塩、コショウ、パセリを混ぜてできあがり。鴨のコンフィに添えるのが定番だが、キノコも一緒に炒めるとそれだけでメイン料理になる。

17　リエットはちぎる

リエットは神に捧げるプルドポークだ。肉（通常は豚肉）を脂肪で煮たパテのことで、味つけは控えめなことが多く、ワインやコニャックを少々加えることもある。パンに塗っても美味しい。脂肪の薄い層で覆って保存することで乾燥を防ぎ、細菌もつかない。

18　みんなのために脂肪の多い鶏を買う

従来の方法で育てられた鶏は一生を屋内で過ごす。ちなみにその一生とは約40日だ。オーガニックの鶏はその2倍生き、移動できるスペースも2倍で屋外にも出ることができる。すると味の違いは明白だ。オーガニックの鶏は太る時間があるから、その脂肪のおかげでオーブンでローストして失敗することがない。肉はジューシー、皮はパリッと仕上がる。

19 脂肪は事前に出しておく。それが味の決め手に

ハムや脂肪の多い魚、パテ、チーズ、そして普通のバターも、まずは冷蔵庫から出してしばらく置いておく。そうすることでフレーバー分子がより均一かつ速いテンポで放出され、豊かで深い風味になる。

20 肉も出しておく

肉を焼いたりグリルしたりする際には冷蔵庫から出し、余分な水分をふきとり、塩をして、少なくとも1時間は置いておくと大きな違いが生まれる。味も食感も良くなる。

21 バターをチーズスライサーですりおろす

事前にバターを冷蔵庫から出しておくのを忘れたら、チーズスライサーでスライスするのが便利。薄いスライスはすぐに適温になる。

22 野菜をバターや油で調理する

あるテレビ番組で、英国の化学系シェフ、ヘストン・ブルメンタールが毎回1つの食材を7種類の方法で調理するというのがあった。たとえばカリフラワーはバターと油を混ぜた鍋で炒めたが、これは安い食材を高級な味わいにする方法だ。セロリアック、ニンジン、パースニップなどのジューシーな根菜はたっぷりの油脂で低温でオーブン焼きにしてみて。

23 バターで仕上げる

キッチンスウェーデン語では〝ソースを艶やかにする〟と言って、最後に冷たいバターをひとかけら加えてかき混ぜる。風味が増すとともにソースがまとまり、表面に膜ができるのも防いでくれる。最後のバター仕上げはリゾットやソース系のパスタの味もレベルアップしてくれる。パスタなら茹で汁を数デシリットル残しておき、混ぜることで艶が出る。

24 オイルは冷暗所に保管する

オイルはどんな種類であっても冷暗所に保管する。透明よりも濃い色の瓶のほうがいい。コールドプレスのオイルは酸化（酸素によって油の一部が分解され、味が悪くなって栄養価も失われる）を遅らせる物質が自然に含まれている。高温圧搾のオイルには酸化防止剤が添加されているが、それでも光や熱によって酸化が早まる。

25 コールドプレスの菜種油でベーキング……

コールドプレスの菜種油の黄金色はその風味にも表れていて、ヘーゼルナッツと花の香りがする。レモン味のパウンドケーキやルバーブパイ、アップルケーキなどの焼き菓子をつくるなら、植物志向の味にするためにバターの一部をコールドプレスの菜種油に代えてもいい。

26 ……そして黄金のペスト・ジェノベーゼを作る

スウェーデン風ペスト・ジェノベーゼをつくるならクルミ1デシリットル、菜種油1・5デシリットル、ディル1デシリットル、すりおろしたヴェステルボッテンチーズ1デシリットル。そこにトリュフオイルを一滴垂らしても悪くない。

27 ステーキを焼いたあとの肉汁を利用

肉を焼いたあとのフライパンは洗わずにソースをつくる。イギリスではドリッピングと呼ばれ、オーブンで焼いた肉のドリッピングは別の料理の材料としても使われる。サンドイッチの隠し味や調理用に販売されている。またおかず系パイやピローグの皮に入れると美味しい、とフードライターのジェニファー・マクラガンが料理本『脂肪』でアドバイスしている。風味豊かな脂と肉汁がうま味を引き出し、生地のまとまりもよくなるという。ピローグ9個分なら小麦粉500グラム、塩小さじ1、牛肉または子羊肉のドリッピング175グラム、そして冷水小さじ4～5。脂肪、塩、小麦粉をフードプロセッサーで混ぜ、それをボウルに移して水を加え、最初はフォーク、それから手で混ぜる。まとまらなければもう少し水を足す。平らにして冷蔵庫で少なくとも30分寝かせる。材料を詰めたら220度のオーブンで20〜30分間焼き上げる。

28 ニンニクを焦がすのではなく、油に味をつける

ニンニクは細かく刻むと焦げやすいが、軽く潰したものを数個オイルに入れて加熱すると、風味が最大限に得られて焦げることもない。取り出してから食材を入れて炒める。

29 ンドゥーヤを買う

スプレッドソーセージというとなんだか気持ち悪いが、実はとても美味しい——少なくともンドゥーヤは。主に豚の頭と背脂でできた南イタリアのソーセージで、脂肪分が多く滑らかだ。ローストした唐辛子で香りづけされ、少しスモーキーで甘く、活気のある味わいだと言える。トマトベースのパスタソース、モッツァレラチーズやルッコラと一緒にピザやホットサンドイッチに入れてもいい。

30 使い終わった油脂の捨てかた

フライパンやオーブン皿、鍋に残った油脂は紙で拭いて捨てる。排水管に流す油脂はできるだけ少なくしよう。自宅キッチンの地下にロンドンのような脂肪の山を育てたくなければ。

訳者あとがき

脂肪――その言葉を聞いて思い浮かぶのはネガティブなイメージばかりだ。身体についてほしくないし、なるべく食べないほうがいいと思ってしまう。しかし人類の歴史の大半、つまり近代になるまでは、脂肪は人間にとってこの上なく大切な存在だった。人間として進化し生き延びるためには必須だったし、神話や初期の宗教でも重要な存在として扱われた。今と昔でそれほど対照的なのが脂肪だ。そこに魅せられた食文化ジャーナリストが古今東西の文献を大量に読み込み、イギリスのホワイトチャペルの怪物から、二十世紀のキリスト教的ダイエット、そして最新の調査や研究に基づいて「なぜポテトチップスや放牧によらない牛を食べてはいけないのか」を教えてくれるのが本書だ。

著者のイェンヌ・ダムベリは食文化を扱うフリーのジャーナリストで、これまでにダーゲンス・ニィーヒエテル紙やスヴェンスカ・ダーグブラーデット紙といった大手朝刊紙に寄稿、作家としては二〇一四年に食文化の歴史に関する『Nu äter vi! — De moderna favoriträtternas okända historia（いただきます！　新しい定番料理の知られざる歴史）』でデビュー、スウェーデン食事アカデミーの「食にまつわるエッセイ」の部で最優秀賞を受賞した。その後料理本も三冊著し、共著に『Som hon drack — kvinnor, alkohol och frigörelse（まああの女はよく飲むもんだ——女性、アルコール、解放運動）』もある。

本書にはコク味や和牛といった日本発祥の脂肪も登場するが、ダムベリ自身も一度日本を訪れたことがあり、ラーメンやお寿司、とんかつや餃子が好きだという。最近ではスウェーデンでも首都には美味しいラーメン屋や寿司屋が増えたし、家で餃子や寿司をつくる人も珍しくない。

本書では「脂肪の美味しい食べ方」もふんだんに紹介されている。これまでは脂肪が身体に良いか悪いかという議論ばかりが過熱し、その美味しさが見すごされてきた。著者はそれを残念に思い、脂肪をつかったクッキングの情報を集めて日々の料理の幅を広げたという。動物性油脂をもっと使うようになり、鴨の脂でジャガイモを炒めるのがとりわけお気に入りだそうだ。

私自身は本書を読んで、スーパーで売っているベーコンはもう食べたくないと思った。スウェーデンでもかつては家庭で豚を飼い、年に一度屠畜して余すところなく食していた。一匹解体するにも何日もかかる大仕事だが、そうやってできあがるラードやソーセージは今でいうところの「完全自家製のオーガニック」で、さぞ美味しかったことだろう（子供の頃に読んだ『大草原の小さな家』でもローラが年に一度豚のしっぽをあぶって食べるのを楽しみにしていたのが印象に残っている）。私も本物のベーコンを食べてみたい——。探してみると、家から車で三十分ほどの郊外に自分たちで豚や牛を育てている農場があった。まさに本書に出てくる〈ノルベーテ〉に参加する畜産農家のように動物の健康と環境に配慮した飼育をしていて、それゆえ肉の味も良い。今では定期的にその農場に通うようになりラードやヘット、くん液や亜硝酸塩を使っていない本物のベーコン、穏やかに生きた豚や牛の各部位が常に冷凍庫にある。そんな美味しい肉を焼いて出た油は捨てずにとっておき、他の炒め物にも使っている。昔のスウェーデンの家庭のようにコンロの横に油脂を集める壺ならぬタッパーを常備しているのだ。なぜタッパーかというと、蓋をしておかないと飼い猫がやってきてぺろぺろ舐めてしまうから。スーパーで買った肉の油には興味を示さないのに、本物の肉の美味しさは猫にもよくわかるらしい。

食と健康は切っても切り離せない。本書では食べないほうがいい脂肪も指摘されているが、結局何を食べたほうがよくて、何を食べてはいけないのか――それが一番知りたいところだ。その参考になる情報もふんだんに盛り込まれているが、最終的にはスウェーデン農業大学分子科学研究所のヤーナ・ピコヴァ教授の「健康のためにはできるかぎり多様に食べるべき」という言葉に納得がいく。これからも健康で美味しい脂肪料理を楽しんでいきたいと思う。

二〇二四年一一月

久山葉子

出典・インスピレーション・お勧めの文献

序文　脂肪――命と欲望

Livsmedelsverket（スウェーデン食品庁）のウェブサイト（Livsmedelsverket.se/livsmedel-och-innehall/naringsamne/fett）には脂肪に関する基本的な情報が集められ、現行の「北欧栄養推奨」に基づいた食事のアドバイスも書かれている。

デンマークの食品物理学教授 Ole G. Mouritsen は flavourjournal.biomedcentral.com に掲載された「Deliciousness of food and a proper balance in fatty acid composition as means to improve human health and regulate food intake（人間の健康改善そして食品摂取調節の手段としての食物の美味しさおよび脂肪酸組成の適切なバランス）」(2016) という記事内で人類の進化と脂肪の必要性についてまとめている。

第一章　ホワイトチャペルの怪物
――世界を虜にしたロンドン下水道の「脂肪の山」

ロンドン博物館で『ファットバーグ！』の展示が行われた当時、2017 ～ 2018 年にかけてガーディアン紙やＢＢＣなどの英メディアがこの脂肪の山について詳しく報道し、本書ではそれらの記事を参考文献として使用した。また 2018 年 4 月 24 日に vice.com に掲載された記事「I Watched People Dissect London's Fatberg to See What It's Made of（ロンドンのファットバーグが何でできているのか解剖するところを私は見ていた）」も参照した。博物館のウェブサイト museumoflondon.org.uk にもファットバーグの展示（すでに終了）に関する資料が多くある。

ストックホルムの Tekniska museet（テクニスカ博物館）は 2012 ～ 2018 年に開催された展示『100 innovationer（100 のイノベーション）』内で石鹸の製造も扱った。

1880 年代のシンシナティ（別名ポーコポリス）の食肉加工場については Martin Ragnar の著書『Grisens historia : så mycket mer än fläsk（豚の歴史：ベーコンだけではない）』(2015) で取り上げられている。

今でもほぼ完全に機能しているロンドンの下水道システム、その建設に先立って起きたテムズ川の「The Great Stink（大悪臭）」については英語版の

ウィキペディアの記事を主に参照した。

第二章　骨髄——祖先たちの飽くなき脂への欲求

初期の人類の発達と脂肪摂取に関する情報は主に科学アンソロジー『Fat Detection: Taste, Texture, and Post Ingestive Effects（脂肪検出：味、食感、摂取後の影響）』（2010）に収録の William R. Leonard、J. Josh Snodgrass、Marcia L. Robertson による「Evolutionary Perspectives on Fat Ingestion and Metabolism in Humans（ヒトの脂肪摂取と代謝に関する進化論的視点）」を主に参照した。

John McQuaid の著書『Tasty :The Art and Science of What We Eat（美味しい：私たちが食べるもののアートとサイエンス）』（2015）はごく初期の人類の食習慣について触れている。

Michelle Phillipov が執筆し、Reaktion Books の Edible シリーズとして出版された『Fats :A Global History（脂肪：世界的な歴史）』（2016）では世界の文化や料理における脂肪の役割が記されている。

歯垢から古代の病気を分析したチューリッヒ大学の進化論研究者 Christina Warinner の TEDx Talks『Tracking ancient diseases using ... plaque（なんと歯垢を使って古代の病気を追跡）』、そして石器時代の食生活にまつわる誤解の数々についての講義『Debunking the paleo diet（パレオダイエットの誤りを暴く）』はどちらも ted.com で視聴可能。

ノルウェーの極地研究家 Helge Ingstad の著書には『Nunamiut: Bland Alaskas inlandseskimåer（ヌナミウト：アラスカの内陸エスキモーと暮らして）』（1954、スウェーデン語訳）と『Pälsjägarliv bland norra Kanadas indianer（北カナダインディアンで毛皮動物を狩る猟師とその生活）』（1932、スウェーデン語訳）がある。

Vilhjálmur Stefánsson の著書に『The Fat of the Land（大地の脂肪）』（1956）、その他スウェーデン語に訳されたものは『Mitt liv med eskimåerna（エスキモーとの人生）』（1925）。

Kate Pechenkina と Yu Dong 他による論文「Shifting diets and the rise of male-biased inequality on the Central Plains of China during Eastern Zhou（東周時代の中国中央平原における食生活の変化と男性優位の不平等の拡大）」（2017）には、今の中国に当時存在した国々の戦国時代に男性が脂肪、肉、健康という点において女性とどう違っていたかが説明されている。

pnas.org/content/pnas/114/5/932.full.pdfで閲覧可能。

Yvonne Hirdman著『Magfrågan: Mat som mål och medel: Stockholm 1870－1920（お腹の問題：目的および手段としての食、ストックホルム1870～1920年）』(1983)では、当時の食習慣が説明されている。

ストックホルム大学のNathalie Hinders（当時はDimc）の修士論文のタイトルは「Pits, Pots and Prehistoric Fats – A Lipid Food Residue Analysis of Pottery from the Funnel Beaker Culture at Stensborg, and the Pitted Ware Culture from Korsnäs（ピット、ポット、先史時代の脂肪――スティエンスボリの漏斗状ビーカー文化とコシュネースの穴あき土器文化における脂質食品残留物分析）」(2011)。

Sven Isakssonの研究についてはストックホルム大学のウェブサイトsu.seの「Kulturella normer spred keramiken（文化的規範が土器を広めた）」というページで取り上げられている。

土器の考古学研究について詳しく知りたい場合はearlypottery.orgを参照のこと。

Elin Fornanderの論文「Consuming and communicating identities – Dietary diversity and interaction in Middle Neolithic Sweden（消費と伝達のアイデンティティ――中期新石器時代スウェーデンにおける食の多様性と相互作用）」(2011）は、石器時代のスウェーデンがどのような食生活だったのかという問いを扱っている。

この章では他にも、考古学者で作家のHanna TunbergとDaniel Serraに取材を行った。二人は初期のスウェーデン料理に関する料理本を2冊執筆している。『En sås av ringa värde och andra medeltida recept（たいした価値のないソースおよび他の中世のレシピ）』(2009）と『An Early Meal – A Viking Age Cookbook & Culinary Odyssey（初期の食事――ヴァイキング時代の料理本と食のオデュッセイア）』(2013)。

アイスランドの発酵サメについてはTorstein Skåra他が『Journal of Ethnic Foods』に掲載された論文「Fermented and ripened fish products in the northern European countries（北欧諸国における発酵および熟成魚製品）」(2015）で言及しており、sciencedirect.com/science/article/pii/s2352618115000050で閲覧可能。

動植物の保護活動を行っているnatursidan.seには現代の捕鯨に関する報告書が集められている。

日本のヴァイキング料理については語学サイトtofugu.comの記事「In Japan, Vikings are all-you-can-eat buffets（日本ではヴァイキングは食べ放題ビュッフェ）」で読むことができる。

サーミ議会の報告書「Samisk mat – Exempel på mattraditioner som grund för det moderna samiska köket（サーミの食――現代サーミ料理の基礎としての食文化の例）」（2010）はSamer. se/3539で閲覧可能。

第三章　バターとチーズ――神の食べ物、女性の苦労の結晶

エホバの証人の冊子『Watchtower（ものみの塔）』に聖書におけるバターの語源が記されている。wol.jw.orgで「smör（バター）」で検索すると見つかる。

国連食糧農業機関（ＦＡＯ）が報告書「Camels and Camel Milk（ラクダとラクダ乳）」で簡素な状況下でのラクダの乳の使用とバターづくりを説明している。ウェブサイトのアドレスは絶望的に長いが、「FAO」と報告書のタイトルでグーグル検索すると出てくる。

2014年、アメリカの公共ラジオNPRのグルメ番組『The Salt（塩）』では、「Smen Is Morocco's Funky Fermented Butter That Lasts For Years（モロッコのスメンは何年ももつファンキーな発酵バター）」という特集でモロッコのスメンを取り上げた。

2016年にアメリカのスミソニアン博物館がアイルランドの沼地バターに関する記事「A Brief History of Bog Butter（沼地バターの簡単な歴史）」をsmithsonianmag.comに掲載した。

リンシェーピンにあるブラスク司教の農場の家事についてはMagnus Gröntoft他編の『Biskop Brasks måltider – svensk mat mellan medeltid och renässans（ブラスク司教の食事――中世とルネッサンスの間のスウェーデン料理）』（2016）で読むことができる。

「Om ost och osttillverkning」（2002）は、ヨーテボリ大学編集のオンライン雑誌Bioscience Explainedに掲載された記事で、スウェーデンの大規模チーズ生産に関する概要をまとめたもの。Bioenv.gu.se/Samverkan/bioscience-explained

ヘルゴードチーズの起源についてはチーズ製造会社〈Falbygdens〉がfalbygdensost.seで「Herrgård® – den svenska favoriten（ヘルゴード――スウェーデンのお気に入り）」というページに自社のチーズについて書いた

ものを参照した。

「Dags att rentvå Ulrika Eleonora Lindström（ウルリカ・エレオノーラ・リンストレームの汚名を晴らす時がきた）」は、https://www.naringslivshistoria.se/cfn-nyheter/dags-att-rentva-ulrika-eleonora-lindstrom/ に掲載された Edward Blom による記事で、ブールトレスクの女性チーズ職人に正義を与えている。

経済史学者で社会民主党の元環境大臣でもある Lena Sommestad の論文「Från mejerska till mejerist: En studie av mejeriyrkets maskuliniseringsprocess（牛乳女からチーズ職人へ：酪農職の男性化プロセスに関する研究）」は 1992 年に発表されている。

『Det svenska jordbrukets historia（スウェーデン農業の歴史）』（1998～2001）は約 6000 年を網羅する 5 巻にわたる大作で、https://www.ksla.se/bibliotek/fembandsverket/fembandsverket に掲載されている。Mats Morell による「Kvinnorna i jordbruket（農業における女性たち）」の章は、『Jordbruket i industrisamhället（工業社会における農業）』の巻に収録されている。

Ester Blenda Nordström のルポルタージュ『En piga bland pigor（女中の中の女中）』は、出版社〈Bakhåll〉から 2012 年に再版された。

スコーネ地方の Statarmuseet（スタータレ博物館）は、トルプ城とスヴェダラ市バーラの間のブナ林に立つ。statarmuseet.com を参照のこと。

ノルボッテン地方に在住した Algot Lundberg の 20 世紀初頭のニエデルルーレオにおけるバターづくりに関する証言は、国中から集められた他の多くの証言とともに matkult.se（言語民俗研究所が運営するスウェーデンの伝統的な食文化に関する知識バンク）で公開されている。「Olika sorters mjölkprodukter（さまざまな種類の乳製品）」というページにチーズやバターに関する資料が集められている。

Roza Ghaleh Dar によるエッセイ「Grattis på Mors dag, kära ko！（牝牛さん、母の日おめでとう！）」（2015）は朝刊紙 Svenska Dagbladet に掲載された。

非常に長いタイトルの本『Svenska folkets seder, sådana de varit och till en del ännu äro, vid högtider, frierier, bröllop, barndop. begrafningar och nöjen ; jemte deras skrock, vidskepelser, huskurer, anekdoter, sägner och ordspråk m.m.（スウェーデン人の習慣――昔そして今でも一部残る――祭

り、求婚、結婚式、幼児洗礼。そして葬儀と娯楽、さらには幽霊、迷信、民間療法、逸話、伝説、ことわざ等)』はCarl Adolf Levissonによる編集で1846年に出版され、特にバターの攪拌をめぐる民間信仰について説明している。

小説『Raskens(兵士ラスク)』(1927)の中で作家Vilhelm Mobergは19世紀後半のスモーランド地方の非常勤兵士ラスクと妻の厳しい生活を描いている。

雑誌『Illustrerad Vetenskap(イラストレイテッド・サイエンス)』は、雷が鳴ると牛乳が酸っぱくなり、固まってバターにならない問題を「Varför surnar mjölken när det åskar?(雷が鳴るとなぜ牛乳は酸っぱくなるのか?)」(2009)という記事にし、illvet.seに掲載している。

Bridget Ann Henisch著『Fast and Feast : Food in Medieval Society(断食とごちそう:中世社会の食)』は1976年に刊行。

catholic.orgでは悪くなったバターを新鮮なバターに戻して聖人となった禁欲的なハセカに関する記事がある。

Anthony Bourdainのエッセイ『Don't eat before reading this(これを読む前に食べるな)』は1999年にザ・ニューヨーカー誌に掲載されたが、地元の食材で質の良い食事をしたいと考える人なら現在でも読む価値がある。

「Jag tycker att det är jätteäckligt, det smakar plast(すごくまずいよ。プラスチックみたいな味)」は朝刊紙Dagens Nyheterが2012年に掲載した記事で、Alvik小中学校の食堂でバター70%のBregottがマーガリンBecelに変えられたことを報道した。

マーガリンの成り立ちについてはウィキペディアに詳しい説明がある。また、『Fats : A Global History(脂肪:世界的な歴史)』(2016)も、このテーマを詳しく知りたい人にとって良い情報源になる。

1934年にSmör-och margarinkommittén(バター・マーガリン委員会)は「Betänkande med förslag angående avsättningen av smör och andra fettämnen av inhemskt ursprung(国産バターその他の脂肪物質の引当金に関する提案を含む報告書)」をスウェーデン議会に提出。規制への提案に加えて、それ以前の国内における食用油脂の生産状況が説明されている。

マーガリン販売の国際規制とマーガリンを阻もうとする乳製品業界の試み、そして再生バターについてはElaine Khosrovaが著書『Butter:A Rich History(バター:その豊かな歴史)』(2016)の中で取り上げている。

Håkan Jönssonの著書『Mjölk : en kulturanalys av mejeridiskens nya ekonomi（牛乳：乳製品棚の新しい経済と文化的分析）』（2005）は文化および国家的価値観の担い手として食品に関心のある人は読む価値がある。

ノルウェーのバター危機は2011年秋にメディアで頻繁に報道された。ヴェステルボッテン・クリレン紙の「Umeåbor gripna i Norge för smörsmuggling（ノルウェーへのバター密輸でウメオ住民逮捕）」は、密輸したバターを没収されたスウェーデン人男性２人に関するニュース記事。

バターを使ったお菓子づくりについてもElaine Khosrovaの『Butter: A Rich History（バター：その豊かな歴史）』そしてJennifer McLaganの料理本『Fat（脂肪）』（2008）を参照のこと。

ビジネス誌Fast Companyは2014年にバター入りコーヒー起業家のDave Aspreyに関する面白い記事「Bulletproof Coffee, The New Power Drink Of Silicon Valley（完全無欠コーヒー、シリコンバレーの新しいパワードリンク）」を掲載。

2012年に夕刊紙Aftonbladetに掲載された「Så snuskig är fettfabriken（マーガリン工場はこんなに汚い）」やrikareliv.infoというウェブサイトに掲載された「Kemikaliematen : Hur tillverkas margarin?（化学的な食品：マーガリンはどのようにつくられるの？）」といった記事はマーガリンに対して依然として残る懐疑的な見方を表している。またaktavara.orgがマーガリン製造について説明している。

第四章　だから脂は味わい深い

Carolyn Korsmeyerによる『Making Sense of Taste : Food and Philosophy（味覚を理解する：食品と哲学）』（2002）およびJohn McQuaidの『Tasty : The Art and Science of What We Eat（美味しさ：私たちが食べるものの芸術と科学）』（2016）は味のメカニズムそして理論の発展に興味がある人にぴったりの情報源。

ギリシアの哲学者テオプラストスの味に関する考察についてはシカゴ大学のウェブサイトで読むことができる。De odoribus by Theophrastusでグーグル検索するといちばん簡単にアクセスできる。

脂肪を６番目の主要な味と見なすかどうかという問題はオーストラリアのDeakin School of Exercise and Nutrition ScienceのRussell S.J. KeastとAndrew Costanzoによる「Is fat the sixth taste primary? Evidence and

implications（脂肪は6番目の主要な味？　その証拠と示唆）」（2015）の中で調査されている。

ルポ本『Salt Sugar Fat : How the Food Giants Hooked Us（塩　砂糖　脂肪：食品大手がいかにして私たちを虜にしてきたか）』（2013）の中で著者のMichael Mossは食品業界が味覚のメカニズムを利用して私たちにもっと買わせ食べさせようとしている現状を説明している。

食品技術の学生ネットワークIFT Student Association（IFTSA）が運営するブログsciencemeetsfood.orgにはうま味とコク味に関する詳しい記事がある。

多くの役割をもつたんぱく質CD36のことを詳しく知りたければ英語版のウィキペディアから始めるのが良いだろう。人間の脂肪に対する欲求に関してはセントルイス・ワシントン大学のオンライン新聞The Sourceが「Tongue sensors seem to taste fat－Receptor may determine desire for dietary fat（舌のセンサーは脂肪の味を感じるようだ——受容体が食事中の脂肪に対する欲求を決定する可能性）」（2005）という記事を掲載している。source.wustl.eduを参照。

Richard D.Mattes他の論文「Oleogustus :The Unique Taste of Fat（オレオガスタス：脂肪のユニークな味）」（2015）はresearchgate.netでタイトル検索して読むことができる。

イグノーベル賞のウェブサイトimprobable.comはサイト自体も読む価値があるが、チーズに嫌悪感を抱いた時に何が起きるかを分析して受賞した研究は論文「The Neural Bases of Disgust for Cheese : An fMRI Study（チーズに対する嫌悪感の神経基盤：fMRI研究）」というタイトルで、frontiersin.orgで閲覧できる。

なぜ低脂肪チーズは味が変わり（悪くなり）、固くてドライになるかというのはThe American Dairy Science Associationのジャーナル『Journal of Dairy Science』掲載の記事「Impact of fat reduction on flavor and flavor chemistry of Cheddar cheeses（脂肪カットによるチェダーチーズの風味とフレーバー化学への影響）」（2010）が扱っている。カリフォルニア大学の学生が運営するscienceandfooducla.wordpress.comは2014年の「A Matter of Taste : Full-Fat Versus Reduced-Fat Cheese（味の問題：全脂肪チーズvs.減脂肪チーズ）」も同じ問題を取り上げている。

1920年代末以来、ストックホルムのNordiska museet（北方民族博物館）

では全国の情報提供者に質問状を送ってきた。その中でチーズとチーズ製造も取り上げ、どのように行われ、どんな味がしたのかは博物館に送られてきた回答から抜粋した。

Harold McGeeによる「'Kokumi' Experience Report by Dr. Harold McGee（コク味：ドクター・ハロルド・マギーによる味の体験記）」（2013）はumamiinfo.comから取得した。

第五章　豚肉、ナショナリズム、アイデンティティ

屠畜とラードの使用に関する情報も、全国のスウェーデン人が各地方でどのように行っていたかを回答したNordiska museet（北方民族博物館）のアンケートから得た。

Fergus Hendersonの料理本『Nose to Tail Eating : A Kind of British Cooking（鼻先から尻尾まで食べつくす：ある種のイギリス料理）』（2004）も読む価値が、そしてレシピを実践する価値がある。

養豚業者で肉加工職人Kristofer Franzénの活動はfranzenscharkuterier.seで紹介されている。

中国の研究者が報告した遺伝子組み換えによって耐寒性をつけ痩せた豚のことをもっと知りたければ科学論文「Reconstitution of UCP1 using CRISPR/Cas9 in the white adipose tissue of pigs decreases fat deposition and improves thermogenic capacity（ブタの白色脂肪組織CRISPR/Cas9を使用したUCP1の再構成により脂肪の蓄積が減少し、熱産生が改善される）」（2017）がpnas.orgで公開されている。

〈Scan〉はスウェーデンの食肉と肉加工品のブランドで、スウェーデンの食品会社HKScan　Sweden ABの所有、そのHKScan　Sweden ABはフィンランドのHKScan財閥が所有している。〈Scan〉はスウェーデンの食肉業界を完全に支配しているブランド・企業。scan.seを参照のこと。

Martin Ragnarの著書『Grisens historia: så mycket mer än fläsk（豚の歴史：ベーコンだけではない）』（2015）は豚の命と生涯に関する豊富な情報源。

業界団体であるSvenskt Kött（スウェーデン食肉）のウェブサイトsvensktkott.seでは、「Muskler omvandlas till kött（筋肉が肉に変えられる）」という記事でpH値が肉の品質に与える影響を説明している。全国規模の手作り食品情報センターであるEldrimnerのウェブサイトeldrimner.

comにも同じトピックの記事があり、「Mörning av kött med Jürgen Körber（ユルゲン・シェルベルと肉を熟成しよう）」でグーグル検索するとアクセスできる。

デンマークの豚飼料中の血漿については飼料メーカーのウェブサイトでも読むことができるが、landbrugsavisen.dkに掲載された記事「Ny procedure omkring blodplasma（血漿に関する新しい手順）」（2015）もある。

「Antibiotika och djur inom EU（ＥＵ内の家畜と抗生物質）」はStatens veterinärmedicinska anstalt（国立獣医研究所）のウェブサイトsva.seの記事で、読む価値がある。EU内の抗生物質の使用に関しては最悪なのがキプロス。スペイン、イタリア、ポルトガルがそれに続く。最も優れているのはEUには非加盟のアイスランドとノルウェーで、その次にスウェーデンが続く。

職人系肉屋と肉加工業者のネットワーク〈Butcher's Manifesto〉の活動はbutchersmanifesto.comで追うことができる。

第六章　かくも恐ろしき脂肪

募金団体Hjärt-Lungfonden（心臓肺基金）の「Hjärt-Lungfonden temaskrift om Kolesterol（心臓肺基金のコレステロールに関するテーマ記事）」ではコレステロールの役割ならびに体内の経路、プラークがどのように蓄積するか、そしてなぜそれが危険なのかが説明されている。科学的な内容責任者はカロリンスカ研究所の臨床代謝研究教授Bo Angelin。hjart-lungfonden.seを参照。

Folkhälsomyndigheten（公衆衛生局）は「Insjuknande i hjärtinfarkt（心筋梗塞という病気）」（2019）および「Insjuknande i stroke（脳卒中という病気）」（2019）のページでスウェーデンでこれらの疾病による死亡者数が減少していることを書いている（folkhalsomyndigheten.se）。

Nina Teicholzは著書『The Big Fat Surprise : Why Butter, Meat and Cheese Belong in a Healthy Diet（ビッグでファットなサプライズ：なぜバター、肉、チーズがヘルシーな食事法なのか）』（2014）の中で、Ancel Keysが飽和脂肪の多い食事のリスクに関する理論で注目を集めた経緯を説明している。彼女自身は飽和脂肪について非常に肯定的。

アメリカの歴史家Hillel Schwartzの著書『Never Satisfied : A Cultural History of Diets, Fantasies, and Fat（永遠に満足することがない：ダイエッ

ト、ファンタジー、脂肪の文化史)』は1986年に出版されている。

生物工学者で生物物理学者のMartina Johanssonはハンドブック『Fettfrälst! Stark, frisk & snygg på högfettkost（脂肪は救世主——高脂肪食で強く健康に素敵に)』(2013) 他の著書があり、martinajohansson.seでフォローできる。

主にアメリカのダイエット産業の歴史についてはEllen Ruppel Shellのルポ本『Fat Wars – The Inside Story of the Obesity Industry（ファットな戦争——肥満業界の内幕)』(2004) で読むことができる。

トランス脂肪酸の基本情報はLivsmedelsverket（スウェーデン食品庁）のウェブサイトならびにウィキペディアを参照した。

1993年に権威ある医学誌The Lancetにトランス脂肪酸懐疑論に非常に意味をもつ論文が発表された。Walter Willettらによる「Intake of trans fatty acids and risk of coronary heart disease among women（女性のトランス脂肪酸の摂取ならびに冠状動脈性心疾患のリスク)」。

Steen Stenderは2014年のSVTのインタビュー「Transfettförbud kan minska hjärtdödlighet（トランス脂肪の禁止で心血管死亡率を減らせる可能性)」(svt.se) で、デンマーク人の心血管の健康にとってトランス脂肪を規制するのが重要かもしれないことを語っている。Stenderは2013年にもscientificamerican.comから「Some Danish Advice on the Trans-Fat Ban（トランス脂肪禁止に関するデンマーク的アドバイス)」というタイトルで同テーマのインタビューを受けている。

「Vi kan leve længere og sundere – Forebyggelseskommissionens anbefalinger til en styrket forebyggende indsats（長く健康に生きられる。予防委員会のより厳しい予防措置の勧告)」(2009) では飽和脂肪酸に対する脂肪税の提案がされている。ism.dkで読むことができる。

Sinne Smed他は科学雑誌Public Health Nutritionに掲載された論文「Effects of the Danish saturated fat tax on the demand for meat and dairy products（デンマークの飽和脂肪税が肉および乳製品の需要に及ぼす影響)」(2016) などで脂肪税の効果について書いている。

第七章　熱帯の木に生えるラードと大豆ロビイスト
——植物油を巡る熱い闘い

食生活における生物多様性の必要性については国連食糧農業機関（FAO）

が報告書「Building on Gender, Agrobiodiversity and Local Knowledge（ジェンダー、農業生物多様性、地元の知識に基づく構築）」（2005）にまとめている（fao.org）。

菜種栽培についてはGunnar Rundgrenが「Fettrapport（脂肪報告書）」（2016）で取り上げている（matlust.eu）。

スウェーデン農業大学食品科学部のMaria Smitterbergによる論文「Rapsolja – Användning, kemisk sammansättning och odlingsfaktorer（菜種油――その用途、化学組成、栽培要素）」（2011）はstud.epsilon.slu.seで閲覧可能。

Sveriges Frö- och Oljeväxtodlare（スウェーデン油糧種子生産者）のウェブサイトsfo. seでは、業界誌Svensk Frötidningの2006年12月の7号掲載の記事で菜種油の長時間加熱による化学的影響を説明している。

Livsmedelsverket（スウェーデン食品庁）はlivsmedelsverket.se上の「Hur påverkas näringsinnehållet vid tillagning?（調理により栄養成分が受ける影響）」という記事で長時間の加熱による油の酸化リスク増加について取り上げている。

ヴァイキング食またはNordiet（北欧食）については「What is a healthy Nordic diet? Foods and nutrients in the NORDIET study（健康的な北欧の食生活とは？　北欧食における食品ならびに栄養の研究）」（2012）という記事が科学誌Food & Nutrition Researchに掲載された。Viola Adamssonは料理本『Nordens bästa mat: det nyttiga nordiska skafferiet（北欧のいちばん良い食べ物：北欧の健康的な食糧庫）』（2012）も執筆。

Nina Teicholzは著書『The Big Fat Surprise: Why Butter, Meat and Cheese Belong in a Healthy Diet（ビッグでファットなサプライズ：なぜバター、肉、チーズがヘルシーな食事法なのか）』（2014）の中でAmerican Soybean Association（アメリカ大豆協会）が熱帯油脂に対して仕掛けた闘いについて書いている。

報告書「Vilket matfett ska man välja? Är palmolja alltid dåligt?（どの油脂を選べばいい？　パーム油は必ず悪い？）」は農家、栽培コンサルタント、そしてKRAV認証のパイオニアであるGunnar Rundgrenが執筆したもので、matlust.euでダウンロードできる。

Naturskyddsföreningen（自然保護協会）は自分たちのパーム油に対する姿勢をウェブサイトの「Palmolja – allt du behöver veta（パームオイルに

ついて知っておくべきこと)」というページで表明している。

医療雑誌 Läkartidningen は 2009 年に体内のフリーラジカルの重要性を扱った「Bioaktiva isoprostaner – Nya markörer för oxidativ stress och inflammationsrelaterade sjukdomar(生物活性イソプロスタン——酸化ストレスおよび炎症関連疾患の新しいマーカー)」という記事を掲載した。

細胞の調節機構としてのフリーラジカルの役割を扱った論文に 2011 年に The Journal of Physiology に掲載された Håkan Westerblad 他による研究「Mitochondrial production of reactive oxygen species contributes to the β-adrenergic stimulation of mouse cardiomycytes(活性酸素種のミトコンドリア産生がマウス心筋細胞のβアドレナリン刺激に寄与)」がある。このテーマに関する短い記事は forskning.se に。

第八章　結局、脂肪を摂ると太るのか痩せるのか

チリ系デンマーク人アーティスト、Marco Evaristti の詳細については evaristti.com を参照。

Teri L. Hernandez と Robert H. Eckel 他の研究「Fat redistribution following suction lipectomy: defense of body fat and patterns of restoration(吸引脂肪除去術後の脂肪再分布:体脂肪の防御ならびに再構築のパターン)」(2011)では、臀部に軽度の脂肪吸引を受けた女性たちが 1 年後に同じ量の脂肪がついたことが示された。場所は身体のもっと上のほう、主に腹部だった。

Leif Runefelt の論文「Hushållningens dygder – Affektlära, hushållningslära och ekonomiskt tänkande under svensk stormaktstid(家事の美徳——スウェーデン大国時代における情緒論、家事の教えならびに経済思考)」では贅沢に関する条例、誰にとって何が過剰であると考えられていたかを取り上げている。この論文は、2001 年にストックホルム大学経済史学科で発表された。

Roland Paulsen は雑誌 Ottar の 2010 年の 2 号で太りすぎの人々にオンラインデートの経験についてインタビューしている。

減量リアリティショー『The Biggest Loser』に参加した人たちの追跡調査「Persistent metabolic adaptation 6 years after “The Biggest Loser” competition(ビゲスト・ルーザーでの闘いから 6 年後の永続的な代謝適応)」は Erin Fothergill 他によって執筆された。2016 年に科学雑誌 Obesity に掲

載され、オンラインで無料で読むことが可能。
『Why Calories Count: From Science to Politics（なぜカロリーは重要なのか：科学から政治まで）』（2012）の中で栄養学の教授であるMarion NestleとMalden C. Nesheimがラヴォアジエ夫婦がモルモットに使った氷熱量計、人間や動物のエネルギー摂取量を理解するために使われた装置や取り組みについて書いている。

スポーツサイエンスのオンラインジャーナルsportsci.orgでは「Sportscience History Makers Lavoisier（スポーツサイエンスの歴史をつくったラヴォアジエ夫妻）」で検索するとラヴォアジエに関する詳しい記事が出てくる。

Justus von LiebigとAugust AlménについてはYvonne Hirdmanが『Magfrågan: Mat som mål och medel: Stockholm 1870-1920（お腹の問題：目的および手段としての食、ストックホルム1870～1920年）』の中で書いている。

Fredrik Nilssonの著書『I ett bolster av fett - en kulturhistoria om övervikt, maskulinitet och klass（脂肪のクッション――肥満、男らしさ、階級の文化史）』（2011）は強くお勧めしたい作品。男性の役割と食事、ボディコントロールと理想についての興味深い内容。本書ではエステルスンドを拠点とした男性分離主義団体〈Fetmans Fiender（太った男の敵）〉についても比較的詳細に説明されている。この団体は1945年に朝の体操、水泳、サウナという共通の関心を持つ男性たちによって設立された。1968年には女性の入会を認めようという提起があったが、〝水泳パンツなしで集まれる朝のひと泳ぎ、それが快適で魅力であると多くの人が考えている、その自由を制限する〟として却下された。

Lisa Söderströmの論文「Nutritional Screening of Older Adults. Risk Factors for and Consequences of Malnutrition（高齢者の栄養スクリーニング。栄養失調の危険因子およびその影響）」（2016）はオンラインで全文を読むことができる。

ＬＣＨＦマガジンのウェブサイトはlchfmagasinet.se。

医師でＬＣＨＦのインフルエンサーAnnika Dahlqvistのブログや活動に関する最新情報はannikadahlqvist.comで公開されている。

調査報告書「Fett kostar mer än det smakar: restaurangprojektet（脂肪はその味よりも高くつく：レストランプロジェクト）」はKerstin Wikmarに

よって1995年にKarolinska Institutetet（カロリンスカ研究所）で執筆された。

Lars-Erik Litsfeldtのハンドブック『Ät fet mat – bli frisk och smal med LCHF（脂肪を多く食べよう——LCHFで健康でスリムに）』は2008年に出版された。

Annika Rognebyの『Bakglädje och LCHF – njutning utan socker och mjöl（LCHFでベーキングを楽しもう——砂糖と小麦粉を使わずに美味しく）』は2012年に出版。

Hillel Schwartzは『Never Satisfied: A Cultural History of Diets, Fantasies, and Fat（永遠に満足することがない：ダイエット、ファンタジー、脂肪の文化史）』（1986）の中でキリスト教系ダイエットと19世紀半ばにイギリスで生まれた身体崇拝哲学〈筋肉的キリスト教〉について言及している。

宗教学者Marie Griffithの論文「The Promised Land of Weight Loss（減量の約束の地）」はもともと1997年にジャーナルThe Christian Centuryに掲載され、religion-online.orgで読むことができる。

異なる家庭で育った一卵性双生児がそれでも同じBMIを発現することを示す研究はUniversity of PennsylvaniaのA.J. Stunkard他による。タイトルは「The body-mass index of twins who have been reared apart（別々に育てられた双子の体格指数）」（1990）。

ウメオ大学のウェブサイトumu.seではBMIの高さと心臓発作や死亡のリスクは関連がないことを示す研究を読むことができる。「Risks of Myocardial Infarction, Death, and Diabetes in Identical Twin Pairs With Different Body Mass Indexes（BMIが異なる一卵性双生児における心筋梗塞、死亡、糖尿病のリスク）」（2016）はjamanetwork.comで閲覧可能。

第九章　どれも同じくらい脂っこいわけではない
——しかし多様性で脂肪は最高の存在になる

「Riksmaten adults 2010 – 2011」の調査には18歳から80歳までの約1800人が参加し、食べたり飲んだりしたものを4日間すべて記録した。それに加えて約50項目の質問がなされた。livsmedelsverket.seの「Riksmaten 2010」を参照のこと。

デンマークのガストロフィジックスの教授Ole G. Mouritsenの論文「Deliciousness of food and a proper balance in fatty acid composition as

means to improve human health and regulate food intake（人間の健康促進そして食品摂取量調節の手段としての食物の美味しさおよび脂肪酸組成の適切なバランス）」（2016）は flavourjournal.biomedcentral.com にあり、現在オメガ6を高レベルで、オメガ3を低レベルで摂取していることのリスクを説明している。

進化学的な観点から見たオメガ3とオメガ6のバランスについては科学雑誌 Prostaglandins, Leukotrienes & Essential Fatty Acids（プロスタグランジン、ロイコトリエン＆必須脂肪酸）で A.P. Simopoulos が「Evolutionary aspects of omega-3 fatty acids in the food supply（食品供給におけるオメガ3脂肪酸の進化的側面）」（1999）という記事を書いている。

現在のスウェーデンで食用油脂がどのように使用されているかの詳細な数値は、livsmedelsverket.se に Livsmedelsverket（スウェーデン食品庁）の報告書「Matfett och oljor – analys av fettsyror och vitaminer（食用油脂——脂肪酸とビタミンの分析）」（2014）で読むことができる。

Thorsten Laxvik が肉の加工をしているエステルスンドの〈Slaktarn〉は slaktarn.nu 、食肉屠畜場〈Rafnaslakt〉は rafnaslakt.se を参照。

2007 年に設立された繁殖協会〈Norrbete〉については norrbete.se で読むことができる。

本書において脂肪を探求する作業のインスピレーションとなったのは他に以下の書籍がある。

『Matmolekyler: Kokbok för nyfikna（食物分子：好奇心旺盛な人のための料理本）』（2013）　Lisa Förare Winbladh、Malin Sandström

『風味の事典』ニキ・セグニット著／曽我佐保子・小松伸子訳（楽工社、2016）

『「食」の図書館　オリーブの歴史』ファブリーツィア・ランツァ著／伊藤綺訳（原書房、2016）

『Hunger och törst : svensk måltidshistoria från överlevnad till statusmarkör（飢えと渇き：生存からステータスまで、スウェーデンの食の歴史）』（2015）Richard Tellström

『Från krog till krog: Svenskt uteätande under 700 år（酒場からレストランまで：スウェーデンの外食 700 年）』（2018）　Håkan Jönsson、Richard Tellström

新潮選書

脂肪《しぼう》と人類《じんるい》　渇望《かつぼう》と嫌悪《けんお》の歴史《れきし》

著　者……………… イェンヌ・ダムベリ
訳　者……………… 久山葉子《くやまようこ》
発　行……………… 2025年1月25日

発行者……………… 佐藤隆信
発行所……………… 株式会社新潮社
〒162-8711 東京都新宿区矢来町71
電話　編集部 03-3266-5411
　　　読者係 03-3266-5111
https://www.shinchosha.co.jp
シンボルマーク／駒井哲郎
装幀／新潮社装幀室

印刷所……………… 株式会社光邦
製本所……………… 株式会社大進堂

乱丁・落丁本は、ご面倒ですが小社読者係宛お送り下さい。送料小社負担にてお取替えいたします。価格はカバーに表示してあります。

ISBN 978-4-10-603921-8 C0340